Duden

SMS
Schnell-Merk-System

Chemie

5. bis 10. Klasse

Duden Schulbuchverlag
Berlin · Mannheim · Leipzig · Wien · Zürich

Inhaltsverzeichnis

1 Stoffe – Bau und Eigenschaften

Teilchen

Alle Stoffe bestehen aus **Teilchen.** Das sind Atome, Ionen und Moleküle.

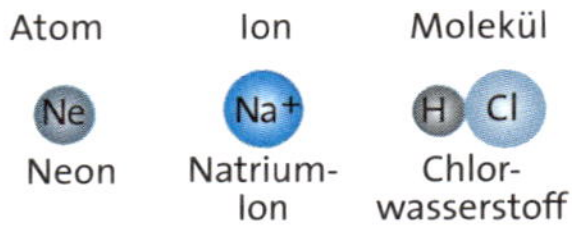

Das **Teilchenmodell** zeigt:

- Alle Stoffe bestehen aus kleinsten Teilchen.
- Die Teilchen sind in ständiger Bewegung.
- Zwischen den Teilchen wirken Kräfte.
- Zwischen den Teilchen ist leerer Raum.

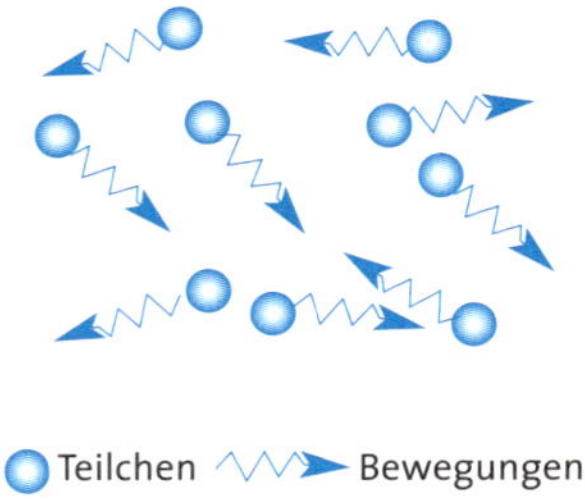

Atome

Atome als kleinste Stoffbausteine bestehen aus:

- **Atomkern** mit einfach positiv geladenen *Protonen* und elektrisch neutralen *Neutronen*
- **Atomhülle** mit einfach negativ geladenen *Elektronen,* die verschiedene Energieniveaus einnehmen.

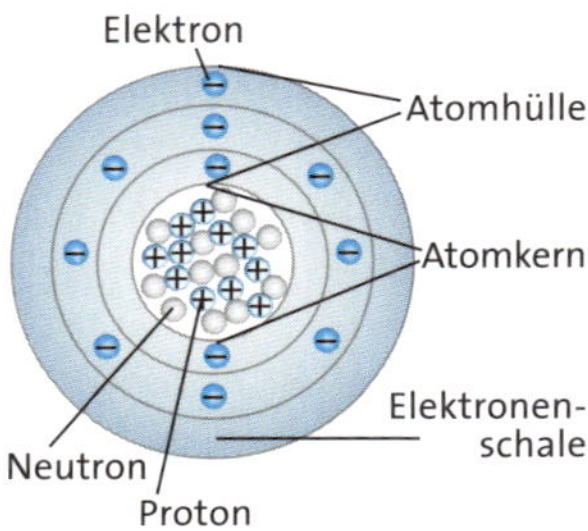

Anzahl der Elektronen = Anzahl der Protonen = Ordnungszahl

Ionen

Ionen sind elektrisch geladene Teilchen. *Positive* Ionen heißen **Kationen,** *negative* heißen **Anionen.**
- Einfache Ionen sind Teilchen *eines* Elements.
- Zusammengesetzte Ionen bestehen aus Teilchen von *mindestens zwei* Elementen.

Aufgepasst: Anionen werden mit einer Endung versehen, um sie von Kationen zu unterscheiden.

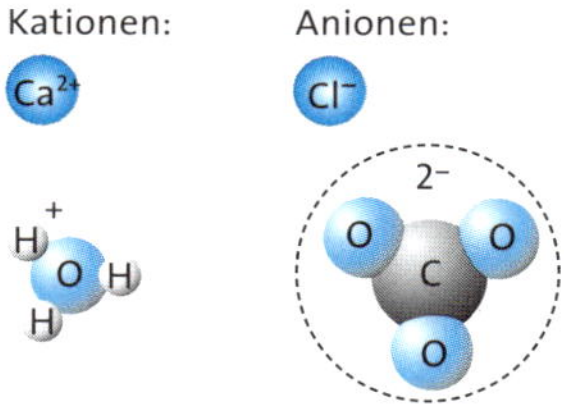

Na^+ Natrium-Ion
Cl^- Chlor*id*-Ion

Moleküle

Moleküle sind Teilchen, die aus mindestens zwei Atomen bestehen, welche durch Atombindungen (↑ S. 11) verbunden sind. Stoffe aus Molekülen heißen **Molekülsubstanzen.** Kleine Moleküle (1) bestehen oft nur aus *zwei* Atomen, mehratomige Moleküle (2) nur aus *wenigen*, Makromoleküle (3) oft aus *Tausenden.*

(1) Sauerstoff Wasser

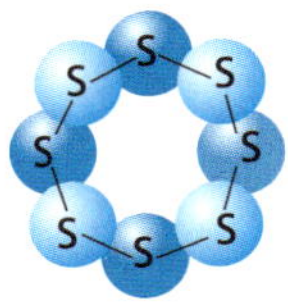

(2) Schwefel

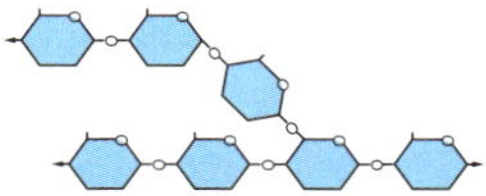

(3) Stärkemolekül (Ausschnitt)

Stoffe

Stoffe sind alle Materialien, aus denen Körper aufgebaut sind. Man unterteilt sie in **Reinstoffe** und **Stoffgemische.**

Reinstoffe
- Elemente
  - Metalle
  - Nichtmetalle
  - Halbmetalle
- chemische Verbindungen
  - Molekülsubstanzen
  - Ionensubstanzen

Reinstoffe

Reinstoffe sind aus Teilchen einer Art aufgebaut:
- Elemente (Elementsubstanzen) bestehen nur aus einer Atomsorte.
- Chemische Verbindungen bestehen aus mindestens zwei verbundenen Teilchen verschiedener Elemente (↑ S. 4).

Sauerstoff (O_2) besteht nur aus Sauerstoffmolekülen, Aluminium (Al) nur aus Aluminiumatomen, Helium (He) nur aus Heliumatomen.
Molekülsubstanzen, z. B. Wasser, sind aus Molekülen, Ionensubstanzen, z. B. Natriumchlorid, sind aus Ionen aufgebaut.

Stoffgemische

Stoffgemische bestehen aus Teilchen unterschiedlicher reiner Stoffe.

Luft besteht u. a. aus den Reinstoffen Stickstoff, Sauerstoff, Kohlenstoffdioxid.

Homogene Stoffgemische sind bis in die kleinsten Teilchen vermischt.

Legierungen · Lösungen · Gasgemische

Heterogene Stoffgemische sind nicht bis zu den kleinsten Teilchen miteinander vermischt.

Gemenge · Suspensionen · Schaumstoffe · Emulsionen · Rauch · Nebel · Schaum

Aggregatzustände

Als Aggregatzustände bezeichnet man die drei Zustandsformen eines Stoffes: fest, flüssig oder gasförmig.

Anordnung der Teilchen	Aggregatzustand	Stoffeigenschaften
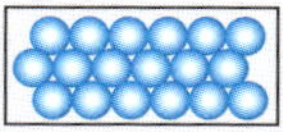	fest	bestimmte Form, bestimmtes Volumen
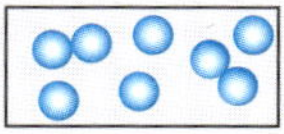	flüssig	keine bestimmte Form, bestimmtes Volumen
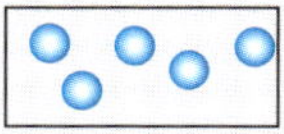	gasförmig	keine bestimmte Form, veränderliches Volumen

Stofftrennung

Zur Trennung von Stoffgemischen werden die unterschiedlichen Eigenschaften der vermischten Reinstoffe ausgenutzt.

zu trennendes Stoffgemisch	unterschiedliche Eigenschaften	Trennverfahren
Lösungen, Suspensionen	Siedetemperatur	Eindampfen, Verdunsten, Destillieren
Gemenge, Suspensionen, Rauch	Teilchengröße	Sieben, Filtrieren
Suspensionen, Emulsionen	Dichte	Zentrifugieren, Dekantieren, Sedimentieren
Gemenge, Lösungen	Löslichkeit	Extrahieren, Chromatografieren

Aufbau des Periodensystems

Im **Periodensystem der Elemente** (PSE) sind die chemischen Elemente nach Atombau und Eigenschaften angeordnet. Bei einem chemischen **Element** haben alle Atome gleich viele Protonen.

Das PSE findest du in der vorderen Umschlagklappe.

Element Fluor: 9 Protonen
Element Zink: 30 Protonen

Struktur des PSE

- Die **Ordnungszahl** (↑ S. 4) gibt die Anzahl der Protonen und Elektronen an.
- In den waagerechten Reihen, **Perioden,** stehen die Elemente mit gleicher Anzahl von besetzten Elektronenschalen.
- **Gruppen** sind senkrechte Reihen. Es gibt Haupt- und Nebengruppen.

Fluor: Ordnungszahl 9
Zink: Ordnungszahl 30

Alle Elemente der 3. Periode besitzen drei besetzte Elektronenschalen, z. B. Magnesium, Silicium, Chlor.

Fluor ist ein Hauptgruppenelement, Zink ein Nebengruppenelement.

Jedes Feld enthält die Angaben zum Element. Die gerundete **relative Atommasse** (↑ S. 22) minus Ordnungszahl ergibt die Neutronenanzahl.

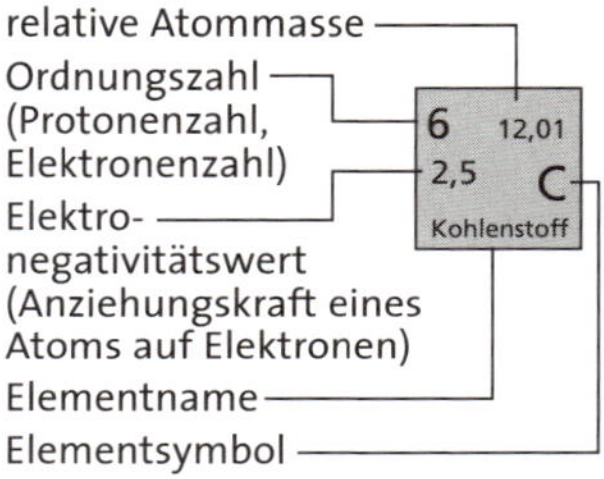

Gruppeneigenschaften

Es gibt acht Haupt- (HG) und acht Nebengruppen (NG) (römische Ziffern).

- Alle **Nebengruppenelemente** sind Metalle.

Zink · Eisen · Gold

- **Hauptgruppenelemente** einer Gruppe besitzen die gleiche Anzahl Außenelektronen und ähnliche chemische Eigenschaften.

Die Elemente der VIII. Hauptgruppe besitzen alle acht Außenelektronen. Es sind reaktionsträge Edelgase.

Periodizität

Die nach ihrer Protonenzahl geordneten Elemente zeigen periodisch wiederkehrende Eigenschaften.

- Der **Metallcharakter** nimmt in den Hauptgruppen von oben nach unten und von rechts nach links stetig zu.

Metalle: Natrium, Barium
Nichtmetalle: Stickstoff, Fluor

- Die höchste Wertigkeit gegenüber **Sauerstoff** entspricht der HG-Nummer.

Al: III. HG, dreiwertig
Wertigkeiten: Al = 3 O = 2
Formel: Al_2O_3

C: IV. HG, vierwertig
Wertigkeiten: C = 4 H = 1
Formel: CH_4

- Die höchste Wertigkeit gegenüber **Wasserstoff** entspricht in der I. bis IV. HG der HG-Nummer. Von der V. bis zur VII. HG gilt: acht minus HG-Nummer.

N: V. HG, dreiwertig (8 – 5 = 3)
Wertigkeiten: N = 3 H = 1
Formel: NH_3

Chemische Bindungen

Als chemische Bindung wird der Zusammenhalt von Teilchen bezeichnet. Dabei wirken Kräfte zwischen den Teilchen.

Arten
- **Ionenbindung**
- **Atombindung**
- **Metallbindung**

Ionenbindung

Bei der Ionenbindung wirken elektrostatische Anziehungskräfte zwischen entgegengesetzt geladenen Ionen.

Natriumchlorid	NaCl
Natriumhydroxid	NaOH
Magnesiumoxid	MgO

Bildung einfacher Ionen
- **Positive Ionen** entstehen durch Abgabe von Außenelektronen.
- **Negative Ionen** entstehen durch Aufnahme von Elektronen anderer Elemente.

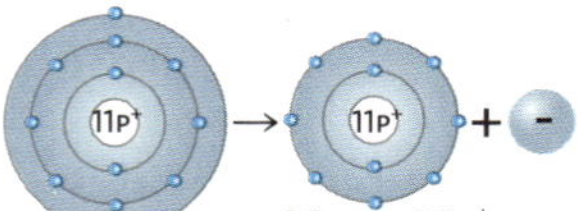

$Na \rightarrow Na^+ + e^-$

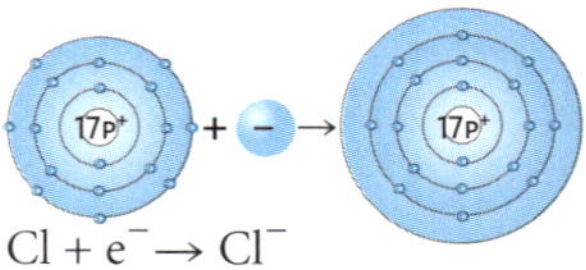

$Cl + e^- \rightarrow Cl^-$

Anordnung der Ionen
Die Ionen ordnen sich durch die Anziehungskräfte in einem **Ionenkristall** an, der mit einem *Gittermodell* oder mit einem *Packungsmodell* (↑ S. 12) dargestellt werden kann.

Gittermodell des Natriumchlorids:

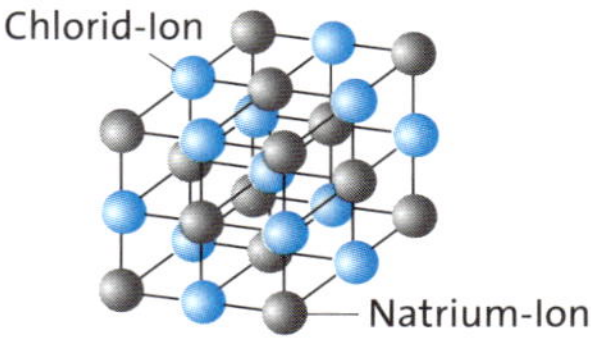

Atombindung

Bei der **Atom-** oder **Elektronenpaarbindung** werden gemeinsame Elektronenpaare zwischen Atomen gebildet. Je nach Elektronegativität der Atome ist die Atombindung polar oder unpolar.

Elektronegativitätswerte von Elementen:

Wasserstoff	2,1
Chlor	3,0
Sauerstoff	3,5
Kohlenstoff	2,5

Unpolare Atombindung
Gemeinsame Elektronenpaare werden *gleichberechtigt* genutzt. Die beteiligten Atome besitzen den gleichen Elektronegativitätswert, die Differenz ist null.

Chlormolekül

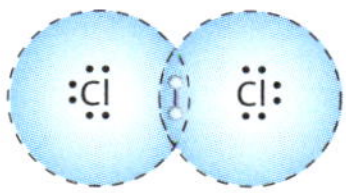

Cl: 3,0; Cl: 3,0
3,0 – 3,0 = 0

Polare Atombindung
Gemeinsame Elektronenpaare werden *nicht gleichberechtigt* genutzt. Es entstehen Ladungsschwerpunkte. Die beteiligten Atome besitzen unterschiedliche Elektronegativitätswerte.
Aufgepasst: Bei einer Differenz von 1,7 und darüber handelt es sich um Ionenbindung.

Chlorwasserstoffmolekül

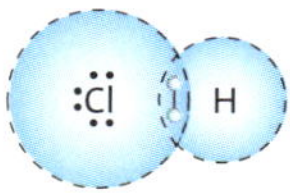

Cl: 3,0; H: 2,1
3,0 – 2,1 = 0,9

Na: 0,9; Cl: 3,0
3,0 – 0,9 = 2,1 > 1,7

Metallbindung

Hier wirken Anziehungskräfte zwischen Metall-Ionen und ihren Außenelektronen, die sich im Gitter frei bewegen.

Bildung von Metall-Ionen
Metalle der Hauptgruppen besitzen meist nur wenige Außenelektronen. Diese können leicht abgegeben werden. Durch die Abgabe von Elektronen entstehen positiv geladene Metall-Ionen.

Natrium hat 1 Außenelektron, Magnesium 2 Außenelektronen und Aluminium 3 Außenelektronen.

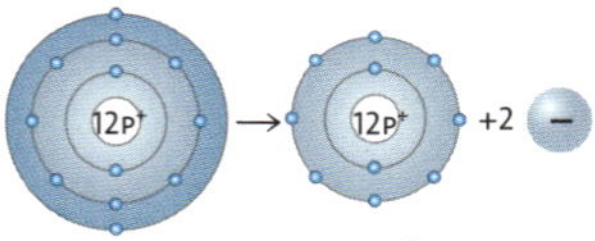

$Mg \rightarrow Mg^{2+} + 2e^-$

Anordnung im Gitter
Die positiv geladenen Metall-Ionen (Atomrümpfe) und Metallatome sind in einem Gitter regelmäßig angeordnet. Dazwischen bewegen sich die abgegebenen Außenelektronen frei. Man nennt sie **Elektronengas** oder **Elektronengaswolke.** Die Teilchenanordnung im **Metallkristall** wird als Gitter- (↑ S. 10) oder Packungsmodell dargestellt.

Flächige Darstellung am Beispiel des Natriums:

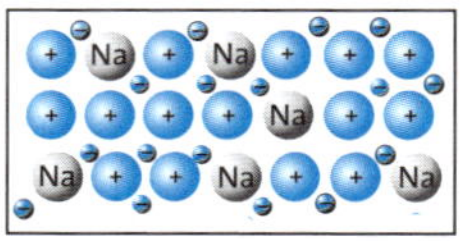

Packungsmodell des Natriums:

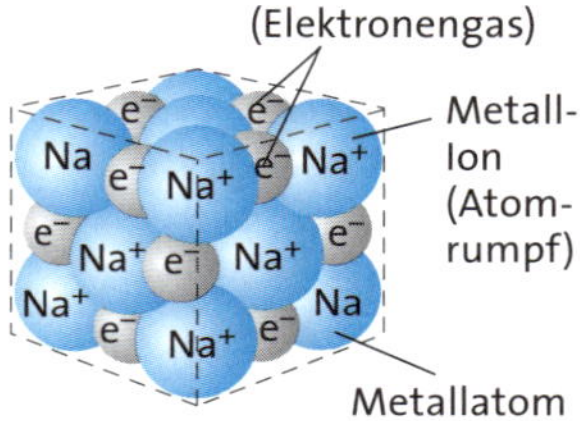

Zwischenmolekulare Kräfte

Diese wirken zwischen gleichen oder verschiedenen Molekülen. Sie sind schwächer als Bindungskräfte und bestimmend für die Stoffeigenschaften. **Van-der-Waals-Kräfte** wirken zwischen flüssigen Kohlenwasserstoffen, **Dipol-Dipol-Kräfte** zwischen permanenten Dipolen und **Ionen-Dipol-Kräfte** bei in Wasser gelösten Ionen.

Beteiligte Teilchen können sein: Ionen und polare Moleküle oder Dipole wie z. B. Wasser.

Hexan

Wassermoleküle

Natriumchloridlösung

Wasserstoffbrückenbindungen

Diese elektrostatischen Wechselwirkungen treten nur zwischen den Ladungsschwerpunkten von kleinen Molekülen mit stark polaren Atombindungen (Dipolen) mit Wasserstoffatomen auf. Bei *Wasser* ziehen sich die Ladungsschwerpunkte der Wassermoleküle (am Sauerstoff negativ, am Wasserstoff positiv) gegenseitig an.

Wasser:

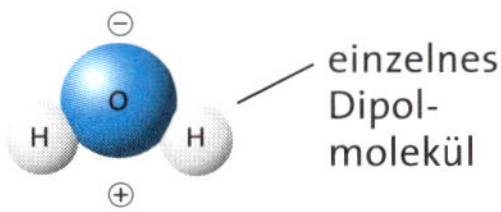

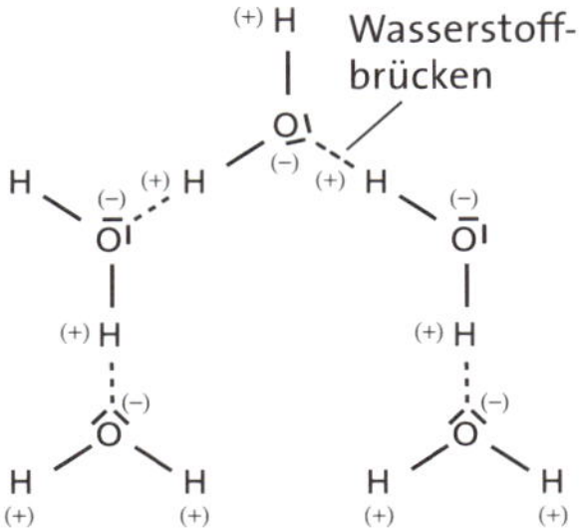

Chemische Symbole

Alle Stoffe bestehen aus chemischen Elementen, denen jeweils ein **Elementsymbol** zugeordnet ist.

Sauerstoff (Oxygenium): O · Silber (Argentum): Ag

Chemische Formeln

Sie kennzeichnen chemische Elemente und Verbindungen aus mindestens zwei verbundenen Atomen oder Ionen.

Die *Anzahl der Teilchen* wird in der Formel als tiefgestellte Zahl hinter dem Teilchen angegeben. Die 1 lässt man weg.

Name	Teilchen	Symbole	Zahlenverhältnis	Formel
Wasser	Wasserstoffatome	H	2 : 1	H_2O
	Sauerstoffatome	O		
Kochsalz	Natrium-Ionen	Na^+	1 : 1	NaCl
	Chlorid-Ionen	Cl^-		

Aufstellen von chemischen Formeln	Aluminiumsulfid	
1 Angabe der Elementsymbole	Al	S
2 Wertigkeiten bzw. Ladungen der beteiligten Atome/Ionen ermitteln	3 Al^{3+}	2 S^{2-}
3 Kleinstes gemeinsames Vielfaches (kgV) der Wertigkeiten (Ionenladungen) bilden	3 kgV = 6	2
4 Kleinstes gemeinsames Vielfaches durch Wertigkeiten/Ionenladungen teilen	6 : 3 = 2	6 : 2 = 3
5 Zahlenverhältnisse als tief gestellte Zahlen in der Formel angeben	Al_2S_3	

Chemische Reaktionsgleichungen

Sie veranschaulichen mit Formeln, Symbolen und Zeichen die Vorgänge bei einer chemischen Reaktion.

Ausgangsstoffe	Reaktionspfeil ⟶	Reaktionsprodukte
liegen vor der Reaktion vor	gibt die Richtung der Reaktion an	liegen nach der Reaktion vor

Die **Wortgleichung** gibt die reagierenden Stoffe mit ihren chemischen Bezeichnungen an. In der **Formelgleichung** werden die chemischen Formeln der Stoffe verwendet und die reagierenden Stoffmengen (↑ S. 23) sind ablesbar.

Wasserstoff	+	Sauerstoff	reagieren zu ⟶	Wasser
$2\,H_2$	+	O_2	→	$2\,H_2O$

Aufstellen und Ausgleichen von Formelgleichungen

1 Wortgleichung formulieren	Aluminium + Sauerstoff ⟶ Aluminiumoxid
2 Chemische Formeln einsetzen	$Al + O_2 \rightarrow Al_2O_3$
3 Faktoren ermitteln: kgV der Stoffmengen von jedem Element bilden und durch die jeweilige Anzahl (Index) dividieren	$Al + O_2 \rightarrow Al_2O_3$ 6:2 = 3 – kgV = 6 – 6:3 = 2 $Al + 3O_2 \rightarrow 2Al_2O_3$ 4:1 = 4 – kgV = 4 – 4:4 = 1
4 Faktoren einsetzen	$4\,Al + 3O_2 \rightarrow 2Al_2O_3$
5 Atomanzahlen kontrollieren	$4\,Al + 3O_2 \rightarrow 2Al_2O_3$ 4; 3 · 2 = 6; 2 · 2 = 4, 2 · 3 = 6

2 Chemische Reaktionen

Grundlagen chemischer Reaktionen

Chemische Reaktionen sind Vorgänge der **Stoff- und Energieumwandlung.** Es entstehen neue Stoffe mit neuen Eigenschaften und umgebauten Bindungen (↑ S. 10). Die **Aktivierungsenergie** lässt die Reaktion beginnen.

Gleichung:

Kohlenstoff	+	Sauerstoff	→	Kohlenstoffmonooxid

Stoffeigenschaften:

fest schwarz ungiftig	+	gasförmig farblos ungiftig	→	gasförmig farblos stark giftig

Bindungen:

unpolare Atombindungen	→	polare Atombindung

Reaktionswärme

Bei chemischen Reaktionen werden verschiedene Energieformen aufgenommen oder abgegeben.

elektrische Energie · Lichtenergie · Wärmeenergie · mechanische Energie · magnetische Energie

- **exotherme chemische Reaktion:** Wärme wird abgegeben. Die Reaktionsprodukte haben einen geringeren Energiegehalt als die Ausgangsstoffe. Die **Reaktionswärme** Q erhält ein negatives Vorzeichen.

Verlauf einer exothermen chemischen Reaktion:

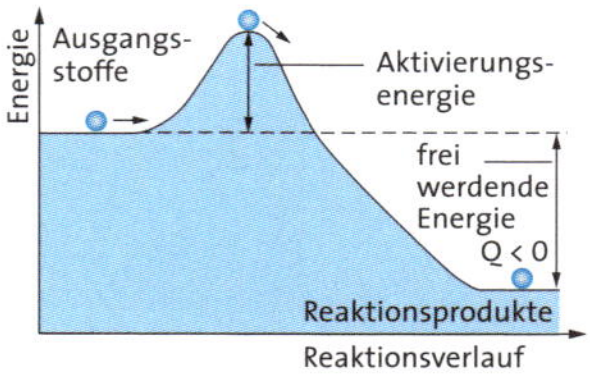

endotherme chemische Reaktion: Wärme wird aufgenommen. Die Reaktionsprodukte haben einen höheren Energiegehalt als die Ausgangsstoffe. Die **Reaktionswärme** Q erhält ein positives Vorzeichen.

Verlauf einer endothermen chemischen Reaktion:

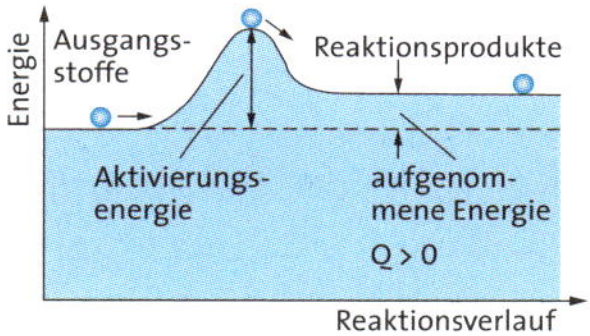

Reaktionsgeschwindigkeit

Dies ist der Quotient aus Konzentrationsänderung (Δc) und der dazu benötigten Zeitspanne (Δt). Sie ist abhängig von Temperatur und Konzentration.

Je höher Temperatur und Konzentration der reagierenden Stoffe, umso schneller die Reaktion.

Ein **Katalysator** beeinflusst die Reaktionsgeschwindigkeit. Er verringert die Aktivierungsenergie.

Einsatz von Katalysatoren bei der Herstellung von Ammoniak (↑ S. 72), Schwefelsäure (↑ S. 74)

Chemisches Gleichgewicht

Dieses stellt sich bei einer **umkehrbaren chemischen Reaktion** ein. Nach der Einstellzeit sind Geschwindigkeit von Hin- und Rückreaktion gleich.

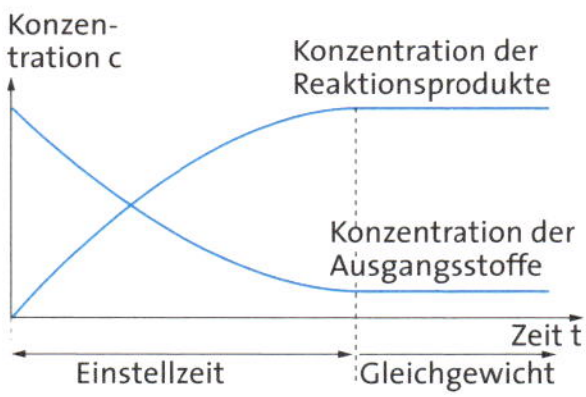

Arten chemischer Reaktionen

Chemische Reaktionen können in
- Redoxreaktionen,
- Säure-Base-Reaktionen,
- Fällungsreaktionen und
- Komplexreaktionen

eingeteilt werden.

Nach der Art der übertragenen Teilchen werden Redoxreaktionen auch als *Reaktionen mit Elektronenübergang* und Säure-Base-Reaktionen auch als *Reaktionen mit Protonenübergang bezeichnet.*

Redoxreaktionen

Im engeren Sinn sind dies Reaktionen mit *Sauerstoffübergang*. Das **Oxidationsmittel** gibt Sauerstoff ab **(Reduktion).** *Gleichzeitig* nimmt das **Reduktionsmittel** Sauerstoff auf **(Oxidation).**

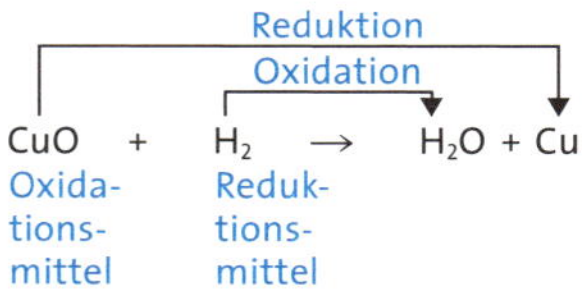

Im weiteren Sinn handelt es sich um Reaktionen mit Elektronenübergang. Die Abgabe von Elektronen ist die Oxidation, die Aufnahme von Elektronen die Reduktion. Das Oxidationsmittel **(Elektronenakzeptor)** nimmt Elektronen auf, das Reduktionsmittel **(Elektronendonator)** gibt Elektronen ab.

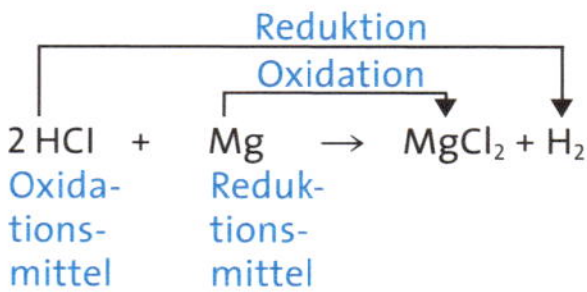

Elektrochemische Reaktionen

Dies sind Reaktionen mit Elektronenübergang. Dabei wird chemische in elektrische Energie umgewandelt und umgekehrt.

galvanische Prozesse:	**elektrolytische Prozesse:**
Umwandlung von chemischer in elektrische Energie (freiwillig)	Umwandlung von elektrischer in chemische Energie (nicht freiwillig)

Bei **elektrochemischen Reaktionen** verläuft an der **Anode** die Oxidation, an der **Katode** die Reduktion.

Daniell-Element: Kupfer-Ionen werden reduziert, Zinkatome werden oxidiert.

Elektrolytische Prozesse laufen in Elektrolysezellen ab. Die chemische Stoffumwandlung wird durch Zufuhr von elektrischer Energie erzwungen.

Herstellung von Natriumhydroxidlösung nach dem Membranverfahren (↑ S. 78), Schmelzflusselektrolyse zur Herstellung von Aluminium (↑ S. 77)

Elektronenschreibweise

Mit der Elektronenschreibweise werden Elektronenübergänge bei chemischen Reaktionen deutlich gemacht. Die Außenelektronen der reagierenden Teilchen werden angedeutet.

Element:	Mg	Al	Ne
Außenelektronen:	2	3	8
Elektronenschreibweise:	·Mg·	·Ȧl·	:N̤̈e:

Vorgänge im Daniell-Element:

Ionenschreibweise:

$Zn + Cu^{2+} \rightarrow Zn^{2+} + Cu$

Elektronenschreibweise:

$\cdot Zn \cdot + Cu^{2+} \rightarrow Zn^{2+} + \cdot Cu \cdot$

Säure-Base-Reaktionen

Nach Arrhenius dissoziieren **Säuren** in wässriger Lösung in Wasserstoff-Ionen und Säurerest-Ionen. **Basen** dissoziieren in Hydroxid- und Metall-Ionen.

HCl	$\rightarrow$	Cl^-	+	H^+
Säure	$\rightarrow$	Säurerest-Ion	+	Wasserstoff-Ion (Proton)

$NaOH$	$\rightarrow$	Na^+	+	OH^-
Base	$\rightarrow$	Metall-Ion	+	Hydroxid-Ion

Nach Brönsted geben Säuren Protonen ab **(Protonendonatoren).** Basen nehmen Protonen auf, sie sind **Protonenakzeptoren.** Durch Protonenabgabe wird aus der Säure die korrespondierende Base. Aus der Base wird durch Protonenaufnahme die korrespondierende Säure.

HCl	$\rightarrow$	Cl^-	+	H^+
Säure_1	$\rightarrow$	Base_1	+	Wasserstoff-Ion (Proton)

NH_3	+	H^+	$\rightarrow$	NH_4^+
Base_2	+	Wasserstoff-Ion (Proton)	$\rightarrow$	Säure_2

Säure-Base-Reaktionen sind Reaktionen mit **Protonenübergang.** Daran sind immer zwei Säure-Base-Paare beteiligt. Es stellt sich ein chemisches Gleichgewicht (↑ S. 17) ein.

Proton (H^+)

Säure 1 + Base 2 $\rightleftarrows$

Proton (H^+)

Base 1 + Säure 2

Bei **Neutralisationsreaktionen** reagieren Hydronium-Ionen (↑ S. 40) mit Hydroxid-Ionen zu Wasser.

H_3O^+	$+ OH^-$	$\rightleftarrows$	$2H_2O$	
(Säure)	(Base)		(Wasser)	
HCl	$+ NaOH$	$\rightleftarrows$	$H_2O + NaCl$	

Redoxreaktionen und Säure-Base-Reaktionen

	Redoxreaktionen	Säure-Base-Reaktionen
übertragene Teilchen	Elektronen	Protonen
Teilchendonator	Reduktionsmittel (RM)	Säure (S)
Teilchenakzeptor	Oxidationsmittel (OM)	Base (B)
Teilreaktionen	$RM_1 \rightleftarrows OM_1 + e^-$ $OM_2 + e^- \rightleftarrows RM_2$	$S_1 \rightleftarrows B_1 + H^+$ $B_2 + H^+ \rightleftarrows S_2$
Gesamtgleichung	$RM_1 + OM_2 \rightleftarrows OM_1 + RM_2$	$S_1 + B_2 \rightleftarrows B_1 + S_2$

Fällungsreaktionen

Dies sind chemische Reaktionen, bei denen aus Lösungen verschiedener frei beweglicher Ionen ein Feststoff ausfällt. Die Löslichkeit des Feststoffes im Lösungsmittel wird dabei unterschritten.

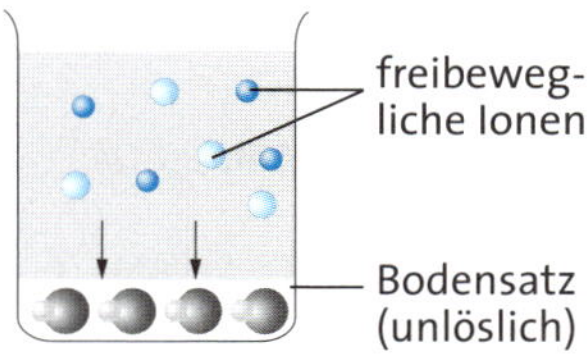

Fällungsreaktionen werden als **Nachweisreaktionen** (↑ S. 88) verwendet. Der schwer lösliche Stoff setzt sich als Niederschlag am Boden ab.

Aufgepasst: In der Formelgleichung (↑ S. 15) wird die **Ausfällung** mit einem Pfeil nach unten gekennzeichnet.

Gleichung in Ionenschreibweise:

$$Na^+ + Cl^- + Ag^+ + NO_3^- \rightarrow Na^+ + NO_3^- + AgCl\downarrow$$

Vereinfachte Ionengleichung:

$$Cl^- + Ag^+ \rightarrow AgCl\downarrow$$

3 Rechnen in der Chemie

Stoffe kennzeichnende Größen

Da die absoluten Massen von Atomen unvorstellbar klein sind, wurde zur besseren Berechenbarkeit die **atomare Masseneinheit** (u) eingeführt.

Die **atomare Masseneinheit 1 u** entspricht einem Zwölftel der Masse eines Kohlenstoffatoms $^{12}_{6}C$.

$$\frac{m_{\text{Kohlenstoffatom}}}{12} = 1\,u$$

$$= \frac{0{,}000\,000\,000\,000\,000\,000\,000\,001\,993\ g}{12}$$

$$= 1{,}661 \cdot 10^{-24}\ g$$

Relative Atommasse A_r

A_r gibt an, wie viel Mal größer als die atomare Masseneinheit die Masse eines Atoms ist. Sie steht im PSE (↑ S. 8).

Berechnung:

$$A_r = \frac{\text{absolute Masse eines Atoms}}{\text{atomare Masseneinheit}}$$

$$A_r = \frac{m_a}{u}$$

Relative Molekülmasse M_r

M_r ist die Summe der relativen Atommassen aller Atome eines Moleküls.
Aufgepasst: Relative Atommasse und relative Molekülmasse haben keine Einheit.

Molekülmasse von Schwefeldioxid
Formel: SO_2
Relative Atommassen:
A_r (Schwefel) $= A_{r\,(S)} = 32{,}1$
A_r (Sauerstoff) $= A_{r\,(O)} = 16{,}0$
$M_{r\,(SO_2)} = A_{r\,(S)} + 2 \cdot A_{r\,(O)}$
$M_{r\,(SO_2)} = 32{,}1 + 2 \cdot 16{,}0 = 64{,}1$

Masse

Sie gibt an, wie schwer eine Stoffprobe ist.

Formelzeichen: m
Einheiten: kg, g

Volumen

Es gibt an, wie viel Raum eine Stoffprobe (Stoffportion) einnimmt.

Formelzeichen: V
Einheiten: cm^3, m^3, l

Dichte

Sie gibt an, welche Masse ein bestimmtes Volumen eines Stoffes besitzt.

Formelzeichen: ρ
Einheiten: kg/m^3, g/cm^3 g/l

Teilchenzahl

Sie gibt an, wie viele Teilchen in einer Stoffprobe enthalten sind.

Die Teilchenzahl N ist proportional zur Masse: $N \sim m$

Stoffmenge

Sie gibt an, wie viele Teilchen eines Stoffes in einer Stoffportion vorliegen.
Avogadro-Konstante (N_A): In einem Mol eines Stoffes sind immer $6{,}022 \cdot 10^{23}$ (rund $6 \cdot 10^{23}$) Teilchen enthalten.

Formelzeichen: n
Einheit: mol

Ein Mol Kupfer enthält ca. $6 \cdot 10^{23}$ Teilchen und wiegt rund 64 g. Ein Mol Schwefel enthält auch $6 \cdot 10^{23}$ Teilchen, wiegt aber 32 g.

Molare Masse

Sie gibt an, welche Masse (↑ S. 23) ein Mol (↑ S. 23) des Stoffes besitzt.

Aufgepasst: Die molaren Massen von vielen Stoffen finden sich in Tabellen und Tafelwerken.

Formelzeichen: M
Einheit: g/mol
Berechnung: $M = \frac{m}{n}$

$M_{(H_2O)} = 18\,g/mol$
$M_{(H_2SO_4)} = 98{,}1\,g/mol$

Molares Volumen

Es gibt an, welches Volumen eines Gases (↑ S. 23) ein Mol dieses Gases besitzt.
Aufgepasst: Das molare Volumen *aller* Gase beträgt bei 0 °C und 1013 hPa *immer* 22,4 l/mol.

Formelzeichen: V_m
Einheit: l/mol
Berechnung: $V_m = \frac{V}{n}$

$V_{m(He)} = 22{,}4\,l/mol$
$V_{m(O_2)} = 22{,}4\,l/mol$
$V_{m(CO_2)} = 22{,}4\,l/mol$

Bei allen chemischen Reaktionen gilt das Gesetz von der Erhaltung der Anzahl der Atome. Die Stoffe reagieren in festen **Stoffmengenverhältnissen** miteinander. Die jeweiligen Stoffmengen finden sich *vor* der Formel in der chemischen Gleichung.

$C + O_2 \rightarrow CO_2$
1 Atom + 2 Atome → 3 Atome
1 mol + 1 mol → 1 mol

$n_1 \sim n_2$

Gesetz von der Erhaltung der Masse

Bei jeder chemischen Reaktion ist die Summe der Massen der Ausgangsstoffe gleich der Summe der Massen der Reaktionsprodukte.

$$C + O_2 \rightarrow CO_2$$
$$m_C + m_{O_2} \rightarrow m_{CO_2}$$
$$12\,g + 32\,g \rightarrow 44\,g$$

$$\Delta m = m_{CO_2} - (m_C + m_{O_2}) = 0$$
$$\Delta m = 44\,g - (12\,g + 32\,g) = 0$$

Für stöchiometrische Berechnungen benötigt man das **Gesetz von den konstanten Proportionen.** In jeder chemischen Verbindung (↑ S. 6) sind die verbundenen Elemente in konstanten Massenverhältnissen enthalten.

Massenverhältnis in Wasser
Formel: H_2O
Masse des Elements Sauerstoff: $m_{(O)} = 16\,g$
Masse des Elements Wasserstoff: $m_{(H)} = 1\,g$
Massenverhältnis der Elemente: $2 \cdot m_{(H)} : m_{(O)}$
$= 2\,g : 16\,g$
$= 1 : 8$

In chemischen Verbindungen stehen die Massen der Elemente im Verhältnis kleiner ganzer Zahlen. Das **Gesetz der multiplen Proportionen** findet sich in der Formel der Verbindung wieder. Die **stöchiometrische Formel** (1) gibt Art und Zahlenverhältnis der Atome an, die **Molekülformel** (2) zeigt Art, Zahlenverhältnis und Anzahl der beteiligten Atome.

Stöchiometrische Formeln (Verhältnisformeln) werden vor allem für Ionenverbindungen (↑ S. 10) verwendet. Sie kennzeichnen Baueinheiten.

(1) Ethin (↑ S. 53): Kohlenstoff- und Wasserstoffatome stehen im Verhältnis 1:1.

(2) Ethin: C_2H_2
In jedem Ethinmolekül sind zwei Kohlenstoff- und zwei Wasserstoffatome miteinander verbunden.

Massen- und Volumenverhältnisse – Berechnungsbeispiele

Masse

Berechne die Masse eines Bleiatoms!

ges.: $m_{a(Blei)}$ geg.: $A_{r(Blei)} = 207{,}2$ (PSE)

$u = 1{,}661 \cdot 10^{-24}$ g (↑ S. 22)

Lös.: $A_r = \frac{m_a}{u}$

$m_{a(Blei)} = A_r \cdot u$

$m_{a(Blei)} = 207{,}2 \cdot 1{,}661 \cdot 10^{-24}$ g

$m_{a(Blei)} = 3{,}442 \cdot 10^{-22}$ g $= 3{,}442 \cdot 10^{-25}$ kg

Ein Bleiatom hat die Masse von $3{,}442 \cdot 10^{-22}$ g.

Molare Masse

Berechne die molare Masse des Ammoniakmoleküls (NH_3)!

ges.: M_{NH_3} geg.: $M_N = 14$ g/mol (PSE)

$M_H = 1$ g/mol (PSE)

Lös.: $M_{NH_3} = 1 \cdot M_N + 3 \cdot M_H$

$M_{NH_3} = 1 \cdot 14 \text{ g/mol} + 3 \cdot 1 \text{ g/mol}$

$M_{NH_3} = 17$ g/mol

Die molare Masse des Ammoniakmoleküls beträgt 17 g/mol.

Berechne die molare Masse von Glucose!

ges.: $M_{C_6H_{12}O_6}$ geg.: $M_C = 12$ g/mol (PSE)

$M_H = 1$ g/mol (PSE)

$M_O = 16$ g/mol (PSE)

Lös.: $M_{C_6H_{12}O_6} = 6 \cdot M_C + 12 \cdot M_H + 6 \cdot M_O$

$M_{C_6H_{12}O_6} = 6 \cdot 12 \text{ g/mol} + 12 \cdot 1 \text{ g/mol} + 6 \cdot 16 \text{ g/mol}$

$M_{C_6H_{12}O_6} = 72 \text{ g/mol} + 12 \text{ g/mol} + 96 \text{ g/mol}$

$M_{C_6H_{12}O_6} = 180$ g/mol

Die molare Masse des Glucosemoleküls beträgt 180 g/mol. Das bedeutet, ein Mol, also $6{,}022 \cdot 10^{23}$ Teilchen, wiegt insgesamt 180 g.

Teilchenmenge

Berechne, aus wie vielen Teilchen (Molekülen) eine Stoffprobe von 10 g Wasser besteht!

ges.: $N_{(Wasser)}$ geg.: $m_{(Wasser)} = 10\ g$

$N_A = 6{,}022 \cdot 10^{23} mol^{-1}$ (↑ S. 23)

$M_{(Wasser)} = 18\ g/mol$ (↑ S. 24)

Lös.: $N = N_A \cdot n$ und $n = \frac{m}{M}$ $\qquad N = N_A \cdot \frac{m}{M}$

$$N_{(Wasser)} = \frac{6{,}022 \cdot 10^{23} \cdot 10\ g \cdot mol}{18\ g \cdot mol} \qquad N_{(Wasser)} = 3{,}35 \cdot 10^{23}$$

Eine Stoffprobe von 10 g Wasser besteht aus $3{,}35 \cdot 10^{23}$ Teilchen (Wassermolekülen).

Volumen

Gib das Volumen von
a) einem Mol Chlorwasserstoff (HCI),
b) drei Mol Sauerstoff (O_2) an!

ges.: a) V_{HCI} geg.: a) $V_m = 22{,}4\ l/mol$ (↑ S. 24)

$n_{HCI} = 1\ mol$

b) V_{O_2} b) $V_m = 22{,}4\ l/mol$; $n_{O_2} = 3\ mol$

Lös.: $V_m = \frac{V}{n}$ $\qquad V = V_m \cdot n$

a) $V_{HCI} = 22{,}4\ l/mol \cdot 1\ mol = 22{,}4\ l$

b) $V_{O_2} = 22{,}4\ l/mol \cdot 3\ mol = 67{,}2\ l$

Ein Mol Chlorwasserstoff hat ein Volumen von 22,4 l; drei Mol Sauerstoff haben ein Volumen von 67,2 l.

Berechne die Stoffmenge von 156,8 l Ethin!

ges.: n_{Ethin} geg.: $V_m = 22{,}4\ l/mol$; $V_{Ethin} = 156{,}8\ l$

Lös.: $V_m = \frac{V}{n}$ $\qquad n = \frac{V}{V_m}$

$$n_{Ethin} = \frac{V_{Ethin}}{V_m} = \frac{156{,}8\ l \cdot mol}{22{,}4\ l} = 7\ mol$$

156,8 l Ethin entsprechen einer Stoffmenge von 7 mol.

Berechnung mit Größengleichungen

Die gesuchten und gegebenen Größen werden in eine allgemeine **Größengleichung** eingesetzt.

Größengleichungen zur Berechnung von Massen und Volumina:

$$\frac{m_1}{m_2} = \frac{M_1 \cdot n_1}{M_2 \cdot n_2} \qquad \frac{m_1}{V_2} = \frac{M_1 \cdot n_1}{V_m \cdot n_2}$$

Berechnung mit Verhältnisgleichungen

Die gesuchten und gegebenen Größen werden über und unter der Reaktionsgleichung *ins Verhältnis* gesetzt.

$$\begin{array}{llll} m_1 & & & m_2 \\ \mathbf{A} & + & \mathbf{B} \longrightarrow & \mathbf{C} \\ n_1 \cdot M_1 = \text{Wert } 1 & & & n_2 \cdot M_2 = \text{Wert } 2 \end{array}$$

Die Reaktionsgleichung kann als Bruchstrich angesehen werden, statt des Reaktionspfeils setzt man das Gleichheitszeichen. Es ergibt sich die Verhältnisgleichung:

$$\frac{m_1}{\text{Wert } 1} = \frac{m_2}{\text{Wert } 2}$$

Schrittfolge zum Lösen stöchiometrischer Aufgaben

1. Analysiere die Aufgabe! Stelle die Wort- und Formelgleichung (↑ S. 15) auf!
2. Stelle die gegebenen und gesuchten Größen aus der Aufgabe zusammen! Entnimm fehlende Angaben aus dem PSE oder aus Formelsammlungen!
3. Suche einen Ansatz zur Berechnung! Verwende entweder die Größengleichung oder die Verhältnisgleichung und stelle diese nach der gesuchten Größe um!
4. Setze die gegebenen Größen (mit Einheiten) ein!
5. Berechne die gesuchte Größe!
6. Formuliere das Ergebnis in einem Antwortsatz! Beziehe dich auf die Aufgabenstellung!

Berechnung mittels Größengleichung

Aufgabe: Berechne die Masse an Magnesiumoxid, die bei der Verbrennung von 0,5 g Magnesium entsteht!

1 Magnesium + Sauerstoff → Magnesiumoxid

$2\,Mg + O_2 \rightarrow 2\,MgO$

2 ges.: m_{MgO} geg.: $m_{Mg} = 0{,}5$ g; $M_{Mg} = 24{,}3$ g/mol; $n_{Mg} = 2$ mol
$M_{MgO} = 40{,}3$ g/mol; $n_{MgO} = 2$ mol

3 $$\frac{m_{MgO}}{m_{Mg}} = \frac{M_{MgO} \cdot n_{MgO}}{M_{Mg} \cdot n_{Mg}} \qquad m_{MgO} = \frac{M_{MgO} \cdot n_{MgO} \cdot m_{Mg}}{M_{Mg} \cdot n_{Mg}}$$

4 $$m_{MgO} = \frac{40{,}3\ \text{g/mol} \cdot 2\ \text{mol} \cdot 0{,}5\ \text{g}}{24{,}3\ \text{g/mol} \cdot 2\ \text{mol}} = 0{,}83\ \text{g}$$

5 $m_{MgO} = 0{,}83$ g

6 Bei der Verbrennung von 0,5 g Magnesium entstehen 0,83 g Magnesiumoxid.

Berechnung mittels Verhältnisgleichung

Aufgabe: Berechne das Volumen an Wasserstoff, das im kippschen Gasentwickler entsteht, wenn 50 g Zink eingefüllt werden und genügend Chlorwasserstoffsäure (Salzsäure) vorhanden ist!

1 Zink + Chlorwasserstoffsäure → Zinkchlorid + Wasserstoff

$Zn + 2\,HCl \rightarrow ZnCl_2 + H_2$

2 ges.: V_{H_2} geg.: $m_{Zn} = 50$ g; $M_{Zn} = 65{,}38$ g/mol; $n_{Zn} = 1$ mol
$V_M = 22{,}4$ l/mol; $n_{H_2} = 1$ mol

3 50 g $\qquad\qquad V_{H_2}$

4 $\mathbf{Zn + 2\,HCl \rightarrow ZnCl_2 + H_2}$

1 mol · 65,38 g/mol $\qquad\qquad$ 1 mol · 22,4 l/mol

$$\frac{50\ \text{g}}{1\ \text{mol} \cdot 65{,}38\ \text{g/mol}} = \frac{V_{H_2}}{1\ \text{mol} \cdot 22{,}4\ \text{l/mol}} \qquad V_{H_2} = \frac{50\ \text{g} \cdot 22{,}4\ \text{l/mol}}{65{,}38\ \text{g/mol}}$$

5 $V_{H_2} = 17{,}13$ l

6 Beim Einsatz von 50 g Zink entstehen im kippschen Gasentwickler rund 17 l Wasserstoff.

3

4 Anorganische Chemie

Wichtige metallische Elemente

Metalle sind elektrisch leitfähige Elemente. Sie besitzen metallischen Glanz, gute Wärmeleitfähigkeit und Verformbarkeit. Im Metallkristall herrscht Metallbindung (↑ S. 12) vor.

feste Metalle: Eisen, Chrom, Magnesium, Aluminium, Blei
flüssiges Metall: Quecksilber

Schwarzmetall: Eisen
Buntmetalle: Kupfer, Zinn

Einteilung der Metalle

Metalle können geordnet werden nach der:

- Dichte (↑ S. 23) in **Leicht-** und **Schwermetalle**
- Schmelztemperatur in niedrig-, mittel- und hochschmelzende Metalle
- **Oxidierbarkeit** in unedle und edle Metalle.

Leichtmetalle ($\rho < 4{,}5\ g/cm^3$): Natrium, Magnesium
Schwermetalle ($\rho > 4{,}5\ g/cm^3$): Eisen, Gold

unedle Metalle: Eisen, Magnesium
edle Metalle: Silber, Platin

Aufgepasst: **Edelmetalle** geben nur schwer Elektronen ab und bilden schwer Oxide. **Unedle Metalle** geben leicht Elektronen ab und bilden leicht Oxide.

Edelmetalle kommen oft als reines Metall (gediegen) vor, unedle meist nur als Mineralien (Erze).

Wichtige Metalle

■ **Eisen:** silberweißes Schwermetall, weich, dehnbar, reaktionsfreudig, rostet leicht	Bestandteil von Eisenerz; wichtigstes Gebrauchsmetall in Form von Legierungen
■ **Kupfer:** hellrot, dehnbar, sehr weich, sehr gute elektrische Leitfähigkeit	Bestandteil von Kupferkies/Kupferglanz; Verwendung: Elektroindustrie
■ **Gold:** rötlich gelb, sehr weich, dehnbar, Schwermetall, reaktionsträge	kommt elementar vor; Verwendung: in Legierungen für Schmuck, Elektrotechnik
■ **Aluminium:** silberweiß, Leichtmetall, bildet beständige Oxidschicht	kommt in Form von Erzen vor; Verwendung: Fahrzeug-, Flugzeugbau, Verpackungen
■ **Uran:** silberglänzend, bildet beständige Oxidschicht, radioaktiv	kommt in Form von Erzen vor; Verwendung: als Kernbrennstoff, in Kernwaffen

4

Metalllegierungen

Dies sind homogene Stoffgemische (↑ S. 6) von Metallen mit anderen Metallen oder Stoffen.	Rotgold: Gold/Kupfer Weißgold: Gold/Palladium/Nickel
■ **Gusseisen:** 96–98 % Eisen/2–4 % Kohlenstoff	Verwendung: Gießen von Formstücken
■ **Bronze:** 60 % Kupfer/30–40 % Zinn	Verwendung: Medaillen, Kunstgegenstände, Glocken
■ **Messing:** 55–90 % Kupfer/10–45 % Zink	Verwendung: Armaturen, Kunstgegenstände
■ **Amalgame:** Quecksilber mit Blei, Gold, Silber, Zink	Verwendung: Elektroden, Zahnfüllungen

Wichtige nichtmetallische Elemente

Nichtmetalle sind nicht elektrisch leitfähig, haben keinen metallischen Glanz und sehr unterschiedliche Eigenschaften.

fest: Kohlenstoff (↑ S. 35)
Schwefel (↑ S. 38)
flüssig: Brom
gasförmig: Wasserstoff (↑ S. 34)
Chlor (↑ S. 39)

Halogene

Das sind die Elemente der VII. HG. Man nennt sie **Salzbildner.**

Alle Halogene besitzen 7 Außenelektronen und sind sehr reaktionsfähig.

- **Fluor:** grünliches Gas, stechend riechend, stark ätzend, giftig

zweiatomiges Molekül mit Atombindung

|F̄–F̄| F_2

- **Brom:** rotbraune Flüssigkeit, ätzend, stechend riechend, giftige Dämpfe

zweiatomiges Molekül mit Atombindung

|B̄r–B̄r| Br_2

- **Iod:** kristalliner, grau/violetter Feststoff, bildet violette Dämpfe

zweiatomiges Molekül mit Atombindung

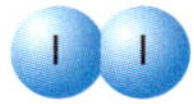

|Ī–Ī| I_2

Edelgase

Das sind die Elemente der VIII. Hauptgruppe.

Edelgase sind sehr reaktionsträge.

- **Helium:** geht keine chemischen Reaktionen ein

einatomig; Verwendung: Füllgas in Ballons, Kühlgas

- **Neon:** Bestandteil der Luft (0,0018 %)

einatomig; Verwendung: Füllgas in Leuchtstoffröhren

- **Argon:** Bestandteil der Luft (0,934 %)

einatomig; Verwendung: Schutzgas beim Schweißen

Wichtige halbmetallische Elemente

Halbmetalle nehmen eine Mittelstellung zwischen Metallen und Nichtmetallen ein. Sie leiten elektrischen Strom bei Zimmertemperatur kaum. Im PSE (↑ Innenklappe) sind sie weiß. Oft gibt es eine metallische und eine nichtmetallische Modifikation.

B	C	N	O	F
Al	Si	P	S	Cl
Ga	Ge	As	Se	Br
In	Sn	Sb	Te	I
Tl	Pb	Bi	Po	At

blau = Metalle
weiß = Halbmetalle
grau = Nichtmetalle

Wichtige Halbmetalle

- **Germanium:** grau bis weiß, fest, spröde, kristallisiert in Form eines Diamantgitters (↑ S. 35) – kommt in Form von Verbindungen vor (Germanit); Verwendung: Halbleitertechnik, Optik
- **Arsen:** stabilste Modifikation ist grau, metallisch, hart, spröde, sehr giftig (auch in Verbindungen) – kommt in Erzen vor; Verwendung: Halbleitertechnik, zum Härten von Blei, Glasherstellung
- **Bor:** stabilste Modifikation ist fest, kristallin, schwarzgrau, sehr reaktionsträge – kommt in der Natur in Verbindungen, z. B. **Borax,** vor; Verwendung: Halbleitertechnik, Borfasern, Glühlampen
- **Selen:** stabilste Modifikation ist grau und metallisch, Halbleiter – kommt in Form von Selenidmineralen vor; Verwendung: Fotozellen
- **Antimon:** stabilste Modifikation ist grau und metallisch, hart, spröde – über 100 verschiedene Minerale; Verwendung: Legierungen (↑ S. 31)

Anorganische Elemente und Verbindungen

Elementsubstanzen bestehen aus einem Element des PSE (↑ S. 8).

Elementsubstanzen

atomar	**molekular**
He, Mg	O_2, S_8

Wasserstoff

Das ist ein Element der I. HG. Das Atom besitzt 1 Proton und 1 Elektron (Außenelektron).
Reiner Wasserstoff kommt fast nur molekular als ein farbloses, geruchloses, brennbares, reaktionsfreudiges Gas vor, das **Knallgasgemische** bildet.

Elektronenschreibweise: **H•**

Wasserstoff ist einwertig.

Molekül mit Atombindung

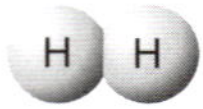

H_2

Knallgasreaktion mit Sauerstoff:
$2\,H_2 + O_2 \rightarrow 2\,H_2O$

Anorganische Wasserstoffverbindungen

Wasser ist ein flüssiges, farb- und geruchloses Molekül und ein gutes Lösungsmittel. Durch den Dipolcharakter bilden sich Wasserstoffbrückenbindungen (↑ S. 13).

Molekül mit polarer Atombindung

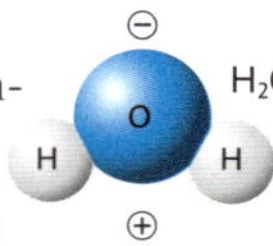

H_2O

Lösung eines Salzes in Wasser:
$NaCl + H_2O \rightarrow Na^+ + Cl^- + H_2O$

Chlorwasserstoff ist ein farbloses, stechend riechendes Gas.

Molekül mit polarer Atombindung

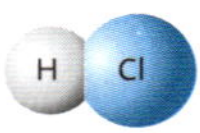

HCl

$HCl + H_2O \rightleftarrows H_3O^+ + Cl^-$

Kohlenstoff

Das ist ein Element der IV. HG. Das Atom besitzt 6 Protonen/Elektronen, davon 4 Außenelektronen.

Elektronenschreibweise: 

Kohlenstoff ist vierwertig.

Kohlenstoff kommt als grauschwarzer, leitfähiger **Graphit,** als kristalliner, farbloser, sehr harter, nicht leitfähiger **Diamant** und als **Fulleren** vor.

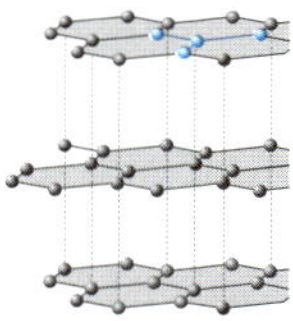

„Wabennetze“ des Graphit

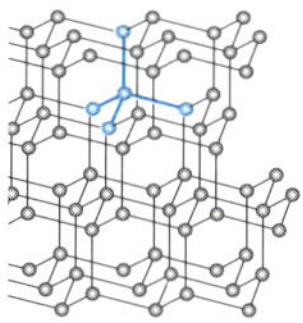

Kristallgitter des Diamant

Anorganische Kohlenstoffverbindungen

Kohlenstoffmonooxid (CO) und **Kohlenstoffdioxid** (CO_2) sind Moleküle. Es sind farb- und geruchlose Gase.

CO
stark giftig

CO_2
wirkt erstickend
wasserlöslich

Kohlensäure (↑ S. 43) ist farblos, geruchlos, leicht säuerlich schmeckend und leicht zersetzlich. Sie entsteht durch Reaktion von CO_2 mit Wasser. Die Salze heißen **Carbonate** (↑ S. 46) und **Hydrogencarbonate.**

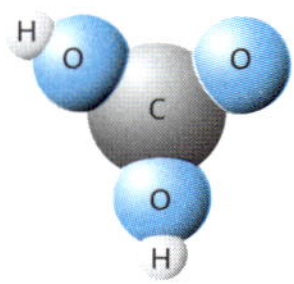

H_2CO_3

Zerfall von Kohlensäure:
$H_2CO_3 \rightleftarrows H_2O + CO_2\uparrow$

Sauerstoff

Das ist ein Element der VI. HG. Das Atom besitzt 8 Protonen/Elektronen, davon 6 Außenelektronen. *Reiner* Sauerstoff kommt molekular als farb- und geruchloses, wasserlösliches, nicht brennbares Gas vor, das die Verbrennung fördert.

Elektronenschreibweise: 

Sauerstoff ist zweiwertig.

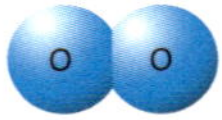

O_2

Molekül mit zwei Atombindungen

Anorganische Sauerstoffverbindungen

Oxide sind anorganische Verbindungen aus Sauerstoff und mindestens einem weiteren Element.

Es gibt Säure bildende (CO_2), Basen bildende (CaO) und amphotere Oxide, deren Lösungen sauer oder basisch reagieren können.

Calciumoxid, auch Branntkalk (↑ S. 75) oder Ätzkalk, ist eine weiße, pulverförmige, stark ätzende Ionensubstanz (↑ S. 10).

Reaktion des Oxids mit Wasser/Bildung einer Base:

$$CaO + H_2O \rightarrow Ca(OH)_2$$
$$CaO + H_2O \rightarrow Ca^{2+} + 2OH^-$$

Aluminiumoxid (↑ S. 77) kommt als feste, weiße, pulvrige Tonerde oder kristallines Korund vor.

Reaktion des Oxids mit Wasser/Bildung einer Base:

$$Al_2O_3 + 3H_2O \rightarrow 2\,Al(OH)_3$$
$$Al_2O_3 + 3H_2O \rightarrow 2\,Al^{3+} + 6\,OH^-$$

Stickstoff

Das ist ein Element der V. HG. Das Atom besitzt 7 Protonen/Elektronen, davon 5 Außenelektronen. *Reiner* Stickstoff kommt molekular als farbloses, geruchloses, nicht brennbares Gas vor. Es wirkt erstickend. Stickstoff ist mit 78 % Hauptbestandteil der Luft (↑ S. 80).

Elektronenschreibweise: $\cdot\ddot{\mathrm{N}}\cdot$ (mit einem Punkt darunter)

Stickstoff (sehr reaktionsträge) ist dreiwertig.

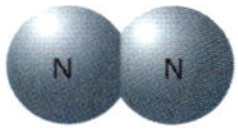

N_2

Molekül mit drei Atombindungen

Anorganische Stickstoffverbindungen

Ammoniak (↑ S. 72) ist ein Molekül. Es ist ein gut wasserlösliches Gas mit charakteristischem Geruch.

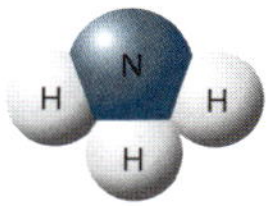

NH_3

Molekül mit polarer Atombindung

Stickstoffmonooxid (farblos) und **Stickstoffdioxid** (braunrot) sind stark giftige Gase. Sie reagieren mit Wasser zu Säuren.

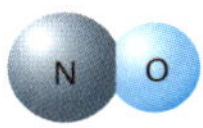

NO

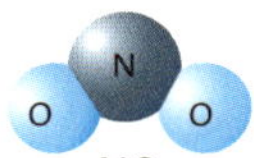

NO_2

Moleküle mit polarer Atombindung

Salpetersäure (↑ S. 73) ist eine starke Säure. Die Salze heißen **Nitrate** (↑ S. 46).

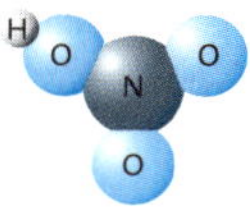

HNO_3

$$2\,HNO_3 + Mg \rightarrow Mg(NO_3)_2 + H_2\uparrow$$

Schwefel

Das ist ein Element der VI. HG. Das Atom besitzt 16 Protonen/Elektronen, davon 6 Außenelektronen. Schwefel kommt in verschiedenen Modifikationen vor. Bei Zimmertemperatur ist nur *rhombischer* Schwefel stabil. Er ist fest, gelb, kristallin, brennbar und nicht wasserlöslich.

Elektronenschreibweise: 

Schwefel ist zweiwertig (**Sulfid-Ion S^{2-}**).

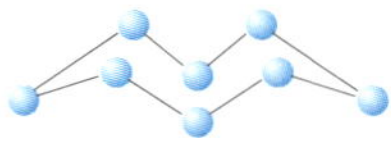

rhombischer Schwefel
(α-Schwefel, Kronenform)

Anorganische Schwefelverbindungen

Schwefeldioxid (SO_2) und **Schwefeltrioxid** (SO_3) sind Moleküle. SO_2 ist gasförmig, farblos, stechend riechend, giftig und wasserlöslich. SO_3 ist fest und reagiert heftig mit Wasser.

SO_2

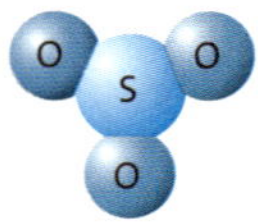

SO_3

Moleküle mit polarer Atombindung

Schwefelsäure (↑ S. 74) ist eine starke, farblose, ölige und stark ätzende Säure. Die Salze (↑ S. 47) sind **Hydrogensulfate** und **Sulfate.**

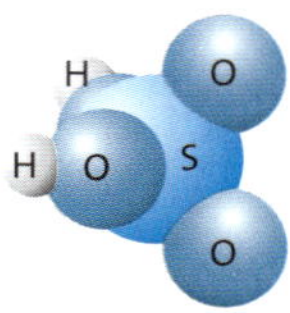

H_2SO_4

Reaktion mit Metallen:
$H_2SO_4 + Mg \rightarrow MgSO_4 + H_2\uparrow$

Chlor

Chlor ist ein Element der VII. HG, ein Halogen (↑ S. 32). Das Atom besitzt 17 Protonen/Elektronen, davon 7 Außenelektronen. Chlor bildet Moleküle. Es ist ein gelbgrünes, stechend riechendes, sehr giftiges, reaktionsfreudiges, aggressives Gas.

Elektronenschreibweise: $:\ddot{\underset{\cdot\cdot}{Cl}}\cdot$

Chlor ist einwertig (**Chlorid-Ion Cl^-**).

Cl_2

Molekül mit einer Atombindung

Anorganische Chlorverbindungen

Chlorwasserstoffsäure, Salzsäure, ist die farblose, stark ätzende Lösung von Chlorwasserstoff (↑ S. 34). Die Salze heißen **Chloride** (↑ S. 46). Sie wird verdünnt (7%ig) und konzentriert (30%ig) verwendet und reagiert mit vielen schwer wasserlöslichen Salzen, Oxiden und Basen (Neutralisation, ↑ S. 20).

Reaktion mit Metallen:
$2HCl + Zn \rightarrow ZnCl_2 + H_2\uparrow$

Reaktion mit schwerlöslichen Salzen:
$2HCl + CaCO_3 \rightarrow CaCl_2 + CO_2\uparrow + H_2O$

Reaktion mit Oxiden:
$2HCl + MgO \rightarrow MgCl_2 + H_2O$

Reaktion mit Basen:
$2HCl + Mg(OH)_2 \rightarrow MgCl_2 + 2H_2O$

Einige wichtige Chlorverbindungen bestehen aus Chlor, Wasserstoff, Sauerstoff.

Chlorsäure = $HClO_3$, hypochlorige Säure = $HClO$, chlorige Säure = $HClO_2$, Perchlorsäure = $HClO_4$

Säuren

Säuren sind nach Brönsted (↑ S. 20) **Protonendonatoren,** also Verbindungen oder Teilchen, die Wasserstoff-Ionen (Protonen) abgeben können. Die Lösung der Säure besitzt einen sauren **pH-Wert** (↑ S. 45).

Abgabe von Wasserstoff-Ionen (Protonen) durch Säuren:

$$HNO_3 + H_2O \overset{H^+}{\rightleftharpoons} H_3O^+ + NO_3^-$$

Reaktionen von Säuren

Säuren reagieren mit Metallen zu Salzen und Wasserstoff.

$$2HCl + Ca \rightarrow CaCl_2 + H_2\uparrow$$

Chlorwasserstoffsäure + Calcium reagieren zu Calciumchlorid + Wasserstoff

Säuren reagieren mit Metalloxiden zu Salzen und Wasser.

$$2HCl + CaO \rightarrow CaCl_2 + H_2O$$

Chlorwasserstoffsäure + Calciumoxid reagieren zu Calciumchlorid + Wasser

Säuren reagieren mit Basen zu Salzen und Wasser (↑ S. 20).

$$HCl + NaOH \rightarrow NaCl + H_2O$$

Chlorwasserstoffsäure + Natriumhydroxid reagieren zu Natriumchlorid + Wasser

Basen

Basen sind nach Brönsted (↑ S. 20) **Protonenakzeptoren,** also Verbindungen oder Teilchen, die Wasserstoff-Ionen (Protonen) aufnehmen können. Die Lösung der Base, die **alkalische Lösung,** besitzt einen basischen (alkalischen) pH-Wert.

Aufnahme von Wasserstoff-Ionen (Protonen) durch Basen:

$$NH_3 + H_2O \overset{H^+}{\rightleftharpoons} NH_4^+ + OH^-$$

Reaktionen von Basen

Basen reagieren mit Säuren zu Salzen und Wasser (↑ S. 20).

$3H_2SO_3 + 2Al(OH)_3 \rightarrow Al_2(SO_3)_3 + 6H_2O$

schweflige Säure + Aluminiumhydroxid reagieren zu Aluminiumsulfit + Wasser

Salze

Salze sind Ionensubstanzen (↑ S. 10), in denen positive Ionen (oft Metall-Ionen) mit negativen Säurerest-Ionen in einem Kristallgitter (Ionengitter) verbunden sind. Salze entstehen durch verschiedene **Salzbildungsreaktionen.**

Salzbildungsreaktionen

Salze entstehen durch Neutralisation (↑ S. 20) aus Säuren und Basen.

Säure(lösung) + Base(lösung) $\xrightarrow{\text{reagieren zu}}$ Salz(lösung) + Wasser

$HNO_3 + KOH \longrightarrow KNO_3 + H_2O$

Salze entstehen durch Reaktion von Säuren mit Metalloxiden.

Säure(lösung) + Metalloxid $\xrightarrow{\text{reagieren zu}}$ Salz(lösung) + Wasser

$2HCl + MgO \longrightarrow MgCl_2 + H_2O$

Salze entstehen durch Reaktion von (verdünnten) Säuren mit (unedlen) Metallen.

Säure(lösung) + unedles Metall $\xrightarrow{\text{reagieren zu}}$ Salz(lösung) + Wasserstoff

$2HCl + Fe \longrightarrow FeCl_2 + H_2\uparrow$

Salze entstehen durch Reaktion von Metallen mit Nichtmetallen.

Metall + Nichtmetall $\xrightarrow{\text{reagieren zu}}$ Salz

$2Na + Cl_2 \longrightarrow 2NaCl$

Salzartige Stoffe sind feste, kristalline Ionensubstanzen mit hohen Schmelz- und Siedepunkten. Hier sind in einem Kristallgitter Anionen und Kationen mit Ionenbindung verbunden. Dazu gehören auch einige Metalloxide und einige Metallhydroxide.

Wichtige anorganische Säuren

Salzsäure, HCl,

- ist die wässrige Lösung von Chlorwasserstoff (↑ S. 39).
- reagiert mit Wasser zu Hydronium- und Chlorid-Ionen.
- ist farblos, flüssig, stechend riechend und ätzend.

verdünnte HCl:	7 %
konzentrierte HCl:	30 %
rauchende HCl:	ca. 37 %

$$HCl + H_2O \rightleftarrows H_3O^+ + Cl^-$$

Verwendung: zur Metallreinigung und Neutralisation von Abwässern

Salpetersäure, HNO_3,

- reagiert mit Wasser zu Hydronium- und Nitrat-Ionen (↑ S. 73).
- ist farblos, flüssig, ölig, stechend riechend, wasserlöslich und ätzend.

konzentrierte HNO_3: bis 68,4 %

$$HNO_3 + H_2O \rightleftarrows H_3O^+ + NO_3^-$$

Verwendung: zur Düngemittelherstellung und als Nitrier- und Oxidiermittel

Schwefelsäure, H_2SO_4,

- reagiert mit Wasser zu Hydronium- und Sulfat-Ionen (↑ S. 38).
- ist farblos, flüssig, ölig, stark wasseranziehend und stark ätzend.

Mit Wasser reagiert die Säure unter starker Wärmeentwicklung (VORSICHT!).

verdünnte H_2SO_4:	16 %
konzentrierte H_2SO_4:	98 %

$$H_2SO_4 + 2H_2O \rightleftarrows 2H_3O^+ + SO_4^{2-}$$

Verwendung: als Trockenmittel, zur Düngemittelherstellung, als Batteriesäure oder zur Herstellung von Estern (↑ S. 60)

Kohlensäure, H_2CO_3,
- ist die wässrige Lösung von Kohlenstoffdioxid, CO_2 (↑ S. 35).
- reagiert nur sehr gering mit Wasser.

H_2CO_3 ist eine schwache Säure. 99 % der CO_2-Moleküle sind nur physikalisch gelöst.

$$H_2CO_3 + 2H_2O \rightleftarrows 2H_3O^+ + CO_3^{2-}$$

Verwendung: in Erfrischungsgetränken

Phosphorsäure, H_3PO_4,
- reagiert mit Wasser zu Hydronium- und Phosphat-Ionen.
- *Reine* H_3PO_4 ist farblos, fest, kristallin, leicht wasserlöslich, stark wasseranziehend (hygroskopisch) und ätzend.

Aufgepasst: Beim Mischen von Säuren mit Wasser vorsichtig sein!

$$H_3PO_4 + 3H_2O \rightleftarrows 3H_3O^+ + PO_4^{3-}$$

Verwendung: zur Herstellung von Phosphaten und Düngemitteln, zur Wasserenthärtung und als Lebensmittelzusatzstoff

„Erst das Wasser, dann die Säure, sonst geschieht das Ungeheure!“

Säurerest-Ionen und zugehörige Salze

Säure	Säurerest-Ion	Salze
Salzsäure	Chlorid-Ion	Chloride
Salpetersäure	Nitrat-Ion	Nitrate
Schwefelsäure	Sulfat-Ion, Hydrogensulfat-Ion	Sulfate, Hydrogensulfate
schweflige Säure	Sulfit-Ion, Hydrogensulfit-Ion	Sulfite, Hydrogensulfite
Phosphorsäure	Phosphat-Ion, Hydrogenphosphat-Ion, Dihydrogenphosphat-Ion	Phosphate, Hydrogenphosphate, Dihydrogenphosphate
Kohlensäure	Carbonat-Ion, Hydrogencarbonat-Ion	Carbonate, Hydrogencarbonate

Wichtige Basen

Natriumhydroxid, NaOH,
- wird auch als **Ätznatron** bezeichnet.
- dissoziiert in Wasser in Natrium- und Hydroxid-Ionen, genannt **Natronlauge.**
- ist weiß, fest, kristallin, stark wasseranziehend (hygroskopisch), gut wasserlöslich (starke Wärmeentwicklung), stark ätzend.
- Im NaOH herrscht Ionenbindung vor (↑ S. 10).

NaOH wird durch das Membranverfahren (↑ S. 78) hergestellt.

$NaOH + H_2O \rightleftarrows Na^+ + OH^- + H_2O$
$NaOH \rightleftarrows Na^+ + OH^-$

Verwendung: in der Glas-, Seifen-, Waschmittel- und Zellstoffindustrie und bei der Herstellung von Farben

Kaliumhydroxid, KOH,
- wird auch als **Ätzkali** bezeichnet.
- dissoziiert in Wasser in Kalium- und Hydroxid-Ionen, genannt **Kalilauge.**
- ist weiß, fest, kristallin, stark wasseranziehend, gut wasserlöslich und stark ätzend.

$KOH + H_2O \rightleftarrows K^+ + OH^- + H_2O$
$KOH \rightleftarrows K^+ + OH^-$

Verwendung: als Trockenmittel, zur Herstellung von Waschmitteln, Wasserenthärtern und in der Glasindustrie

Calciumhydroxid, $Ca(OH)_2$,
- heißt als wässrige Lösung **Kalkwasser.**
- ist weiß, fest, wenig wasserlöslich und ätzend.

$Ca(OH)_2 \rightleftarrows Ca^{2+} + 2OH^-$

Verwendung: zur Herstellung von Mörtel, Chlorkalk und zur Rauchgasentschwefelung

Bariumhydroxid, $Ba(OH)_2$,
- heißt als wässrige Lösung **Barytlauge,** stark verdünnt **Barytwasser.**
- ist weiß, fest, kristallin, mäßig wasserlöslich und ätzend.

$Ba(OH)_2 \rightleftarrows Ba^{2+} + 2OH^-$

Mit Barytwasser kann CO_2 nachgewiesen werden (↑ S. 89).

Verwendung: zur Entwässerung von Fetten, Wachsen und Glycerin

Der pH-Wert

Der pH-Wert ist eine Maßzahl für die in einer Lösung enthaltenen Wasserstoff-(Hydronium-) Ionen.

pH-Werte:
Zitronensaft: 2,3
Cola: 2,4
Schweiß: 4–6
Blut: 7,4

- **Neutrale Lösungen** besitzen einen pH-Wert von genau 7.

Die Konzentration von Hydronium- und Hydroxid-Ionen ist gleich groß.

- **Saure Lösungen** besitzen einen pH-Wert unter 7.

Die Konzentration der Hydronium-Ionen ist höher als die der Hydroxid-Ionen.

- **Basische** oder alkalische **Lösungen** besitzen einen pH-Wert über 7.

Die Konzentration der Hydronium-Ionen ist geringer als die der Hydroxid-Ionen.

Der ph-Wert lässt sich mit verschiedenen Indikatoren (↑ S. 90, z. B. Farbstreifen) feststellen.

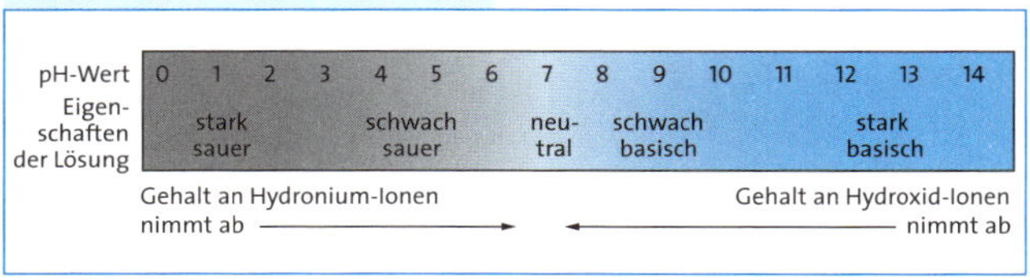

4

Wichtige Salze

Chloride (↑ S. 39) sind die Salze der Chlorwasserstoffsäure (↑ S. 42).

Natriumchlorid NaCl
Magnesiumchlorid $MgCl_2$
Aluminiumchlorid $AlCl_3$

■ **Natriumchlorid, NaCl,** heißt auch **Kochsalz.** Es ist farblos, fest und gut wasserlöslich. Es bildet würfelförmige, durchsichtige Kristalle.

Es kommt als **Steinsalz** vor. Verwendung: zum Würzen und Konservieren von Lebensmitteln, zur Herstellung von HCl, NaOH (↑ S. 78) und $NaCO_3$

Nitrate (↑ S. 37) sind die Salze der Salpetersäure (↑ S. 42, 73).

Natriumnitrat $NaNO_3$
Magnesiumnitrat $Mg(NO_3)_2$

■ **Kaliumnitrat, KNO_3,** heißt auch **Salpeter.** Es ist farblos, fest und gut wasserlöslich. Die Schmelze ist ein starkes Oxidationsmittel (↑ S. 18).

Kommt in Salzlagerstätten (Kalibergbau) vor. Verwendung: als Bestandteil von Schwarzpulver und Düngemitteln und in der Farbstoffindustrie

Carbonate (↑ S. 35) und **Hydrogencarbonate** sind die Salze (↑ S. 41) der Kohlensäure (↑ S. 43).

Natriumcarbonat Na_2CO_3 · Kaliumcarbonat, Pottasche K_2CO_3 · Kaliumhydrogencarbonat $KHCO_3$

■ **Calciumcarbonat, $CaCO_3$,** heißt je nach Vorkommen auch **Kalkstein, Kreide, Marmor** oder **Calcit** (Kalkspat). Es ist weiß, fest und schwer wasserlöslich.

Kommt in Gesteinen, z. B. als Marmor, vor und wird im Tagebau abgebaut. Verwendung: als Baumaterial, als Ausgangsstoff zum Kalkbrennen (↑ S. 75) und zur Zementherstellung

Sulfate und **Hydrogensulfate** sind die Salze der Schwefelsäure (↑ S. 42).

- **Calciumsulfat,** $CaSO_4$, heißt auch **Anhydrit.** Es ist farblos bis weiß, fest, pulverförmig und schwer wasserlöslich.

Natriumsulfat Na_2SO_4 · Natriumhydrogensulfat $NaHSO_4$

Calciumsulfat mit gebundenem Kristallwasser heißt **Gips** ($CaSO_4 \cdot 2H_2O$). Verwendung: zur Herstellung von Zement und Schwefelsäure (↑ S. 74)

Phosphate, Hydrogenphosphate und **Dihydrogenphosphate** sind die Salze der Phosphorsäure (↑ S. 43).

Natriumphosphat Na_3PO_4 · Calciumhydrogenphosphat $CaHPO_4$ · Calciumdihydrogenphosphat $Ca(H_2PO_4)_2$

- **Primäre Phosphate** enthalten das Dihydrogenphosphat-Ion, $H_2PO_4^-$. Sie sind wasserlöslich.

Verwendung: als Düngemittel und zur Wasserenthärtung, z. B. Natriumdihydrogenphosphat NaH_2PO_4

- **Sekundäre Phosphate** enthalten das Hydrogenphosphat-Ion, HPO_4^{2-}.

Verwendung: als Düngemittel, z. B. Diammoniumhydrogenphosphat $(NH_4)_2HPO_4$

- **Tertiäre Phosphate** enthalten das Phosphat-Ion, PO_4^{3-}. Sie sind thermisch beständig.

Verwendung: in der Lebensmittelindustrie (Schmelzkäse), z. B. Calciumphosphat $Ca_3(PO_4)_2$

Aufgepasst: **Sulfite** (↑ S. 43) und **Hydrogensulfite** sind die Salze der schwefligen Säure.

Magnesiumsulfit $MgSO_3$ · Calciumhydrogensulfit $Ca(HSO_3)_2$

Nitrite sind die Salze der **salpetrigen Säure.**

Natriumnitrit $NaNO_2$ (als Bestandteil von Pökelsalz)

TOPTHEMA

Anorganische Stoffe im Überblick

Anorganische Stoffe

Anorganische Reinstoffe (↑ S. 6) können in Elemente und chemische Verbindungen eingeteilt werden.

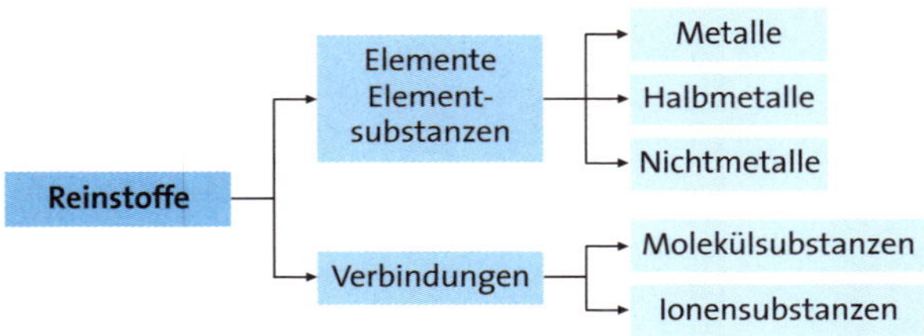

Hauptgruppenelemente und ihre Verbindungen

Alkalimetalle: Elemente der *I. HG* (außer Wasserstoff). Sie bilden Oxide, Hydroxide und Salze.	Elemente: Li, Na, K, Rb, Cs, Fr Oxide: Li_2O, K_2O, Na_2O Hydroxide: LiOH, NaOH, KOH Salze: NaCl, K_2CO_3, Rb_3PO_4
Erdalkalimetalle: Elemente der *II. HG*. Sie bilden Oxide, Hydroxide und Salze.	Elemente: Be, Mg, Ca, Sr, Ba, Ra Oxide: MgO, CaO Hydroxide: $Mg(OH)_2$, $Ca(OH)_2$ Salze: $MgSO_4$, $CaCO_3$
Borgruppe: Elemente der *III. HG*. Sie bilden Säuren, Oxide, Hydroxide und Salze.	Elemente: B, Al, Ga, In, Tl Säure: H_3BO_3 Oxide: Al_2O_3 Hydroxide: $Al(OH)_3$ Salze: $Al_2(SO_4)_3$
Kohlenstoffgruppe: Elemente der *IV. HG*. Sie bilden Säuren, Oxide, Salze und (C) organische Verbindungen (↑ S. 50).	Elemente: C, Si, Ge, Sn, Pb Oxide: CO, CO_2, SiO_2 Säuren: H_2CO_3, H_4SiO_4 Salze: $CaCO_3$
Stickstoffgruppe: Elemente der *V. HG*. Sie bilden Säuren, Oxide, Salze, Wasserstoffverbindungen.	Elemente: N, P, As, Sb, Bi Oxide: NO, NO_2, As_2O_3 Säuren: HNO_3, H_3PO_4 Salze: $NaNO_3$, $Mg_3(PO_4)_2$

Chalkogene: Elemente der *VI. HG.* Sie bilden Wasserstoffverbindungen, Säuren, Oxide, Salze.	Elemente: O, S, Se, Te, Po Wasserstoffverbindungen: H_2S, H_2O Säuren: H_2SO_4 Oxide: SO_2, SO_3, SeO_2
Halogene: Elemente der *VII. HG.* Sie bilden Wasserstoffverbindungen, Säuren, Salze, Oxide.	Elemente: F, Cl, Br, I, At Wasserstoffverbindungen: HCl, HF Säuren: HCl, $HClO_4$ Salze: NaCl, $CaBr_2$, AlF_3
Edelgase: Elemente der *VIII. HG.*	Elemente: He, Ne, Ar, Kr, Xe, Rn

Nebengruppenelemente und ihre Verbindungen

Aufgepasst: Alle Nebengruppenelemente (↑ S. 8) sind Metalle und bilden vor allem Oxide, Salze und Hydroxide.

Kupfergruppe: Elemente der *I. NG.*	Cu, Ag, Au
Zinkgruppe: Elemente der *II. NG.*	Zn, Cd, Hg
Scandiumgruppe mit **Lanthanoiden** und **Actinoiden:** Elemente der *III. NG.*	Sc, Y Lanthanoide: La, Ce, Pr, Nd, Pm, Sm, Eu, Gd, Tb, Dy, Ho, Er, Tm, Yb, Lu Actinoide: Ac, Th, Pa, U, Np, Pu, Am, Cm, Bk, Cf, Es, Fm, Md, No, Lr
Titangruppe: Elemente der *IV. NG.*	Ti, Zr, Hf
Vanadiumgruppe: Elemente der *V. NG.*	V, Nb, Ta
Chromgruppe: Elemente der *VI. NG.*	Cr, Mo, W
Mangangruppe: Elemente der *VII. NG.*	Mn, Tc, Re
Eisengruppe, leichte und schwere **Platinmetalle:** Elemente der *VIII. NG.*	Eisengruppe: Fe, Co, Ni leichte Platinmetalle: Ru, Rh, Pd schwere Platinmetalle: Os, Ir, Pt

5 Organische Chemie

Kohlenwasserstoffe

Kohlenwasserstoffgruppen

Organische Chemie ist die Chemie organischer Kohlenstoffverbindungen. Nicht dazu gehören: CO, CO_2, H_2CO_3, Carbonate (↑ S. 35), Hydrogencarbonate und Carbide. Einfache **Kohlenwasserstoffe** (KW) bestehen aus C- und H-Atomen.

Kohlenwasserstoffe
- **kettenförmige** Kohlenwasserstoffe
  - **gesättigt**
    - **Alkane**
  - **ungesättigt**
    - **Alkene**
    - **Alkine**
- **ringförmige** Kohlenwasserstoffe
  - **cyclisch**
    - **Cycloalkane**
    - **Cycloalkene**
  - **aromatische** Kohlenwasserstoffe

Nomenklatur

Wortstamm: Anzahl der C-Atome

1 C = Meth- 3 C = Prop- 5 C = Pent- 7 C = Hept- 9 C = Non-
2 C = Eth- 4 C = But- 6 C = Hex- 8 C = Oct- 10 C = Dec-

Endung: Bindungsart in der Kette

-an = nur Einfachbindungen
-en = mind. eine Doppelbindung
-in = mind. eine Dreifachbindung

verzweigte KW:
Grundname: Name der längsten unverzweigten Kette
Seitenkette: Wortstamm des KW-Restes mit Endung -yl

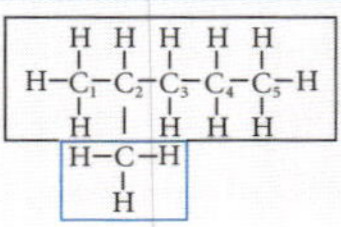

längste Kette mit 5 Kohlenstoffatomen: -Pentan
Alkylrest am 2. Kohlenstoffatom: -methyl
2-Monomethylpentan (2-Methylpentan)

Reaktionen

Reaktionen organischer Stoffe lassen sich in drei Grundtypen einteilen: Addition, Substitution und Eliminierung.

Bei der **Addition** lagert sich ein kleineres Molekül an eine Mehrfachbindung eines ungesättigten Moleküls an.

- **Hydrierung** = Anlagerung von Wasserstoff
- **Halogenierung** = Anlagerung von Halogenen
- **Hydratisierung** = Anlagerung von Wasser

Hydrierung:

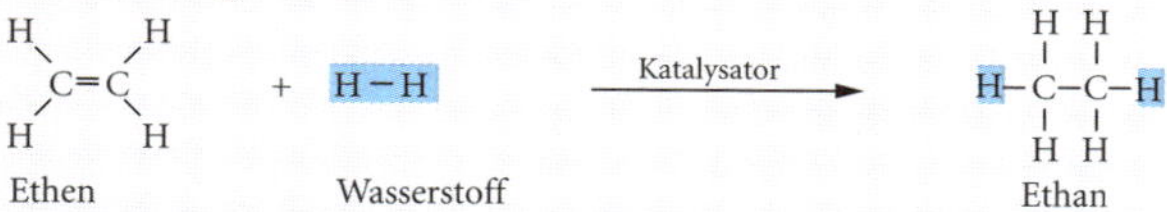

Bei der **Eliminierung** spalten sich Atome oder Atomgruppen aus Molekülen ab. Mehrfachbindungen entstehen.

- **Dehydrierung** = Abspaltung von Wasserstoff
- **Dehydratisierung** = Abspaltung von Wasser

Dehydrierung:

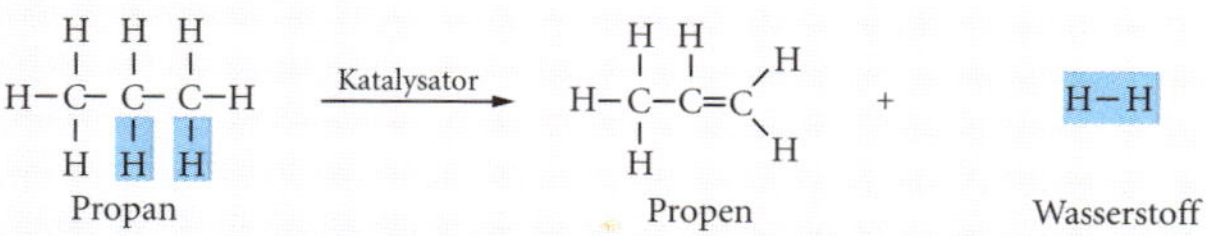

Bei der **Substitution** werden Atome oder Atomgruppen zwischen den Ausgangsstoffen ausgetauscht. Die Bindungsart bleibt erhalten. **Kondensationen** sind Sonderfälle der Substitution, bei denen Wasser entsteht.

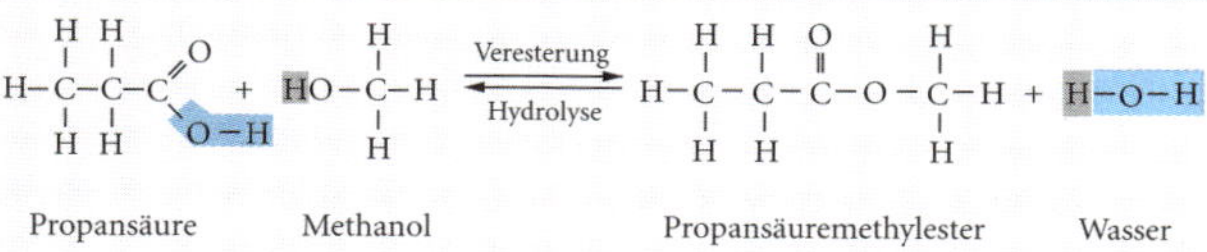

Einfache Kohlenwasserstoffe

Einfache Kohlenwasserstoffe (↑ S. 50) bestehen aus Molekülen mit Atombindungen.
Die **Molekül-** oder **Summenformel** gibt Art und Anzahl der verbundenen Atome an.

Alkane: CH_4, C_2H_6, C_3H_8
Alkene: C_2H_4, C_3H_6, C_4H_8
Alkine: C_2H_2, C_3H_4, C_4H_6

Cycloalkane (ringförmige Alkane):
Cyclobuten C_4H_6
Cyclohexen C_6H_{10}

Die **Strukturformel** gibt Art und Anzahl der Atome sowie die Bindungen an.

- **ausführliche Strukturformel:** alle Atome und alle Bindungen einzeln
- **vereinfachte Strukturformel:** Gruppen von Atomen werden ohne Bindungsstriche zusammengefasst.

Formeln von Ethen
Summenformel: C_2H_4

Ausführliche Strukturformel:

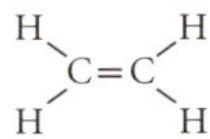

Vereinfachte Strukturformel:
$CH_2 = CH_2$

Isomere, (1) und (2), sind Verbindungen mit gleicher Summenformel, aber unterschiedlicher Struktur.

Summenformel: C_4H_{10}

(1) n-Butan („Normal"-Butan)

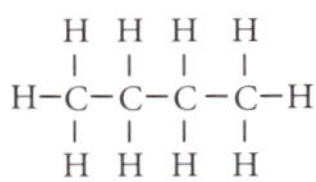

(2) i-Butan (2-Methylpropan) („Isomer"-Butan; vereinfacht Iso-Butan)

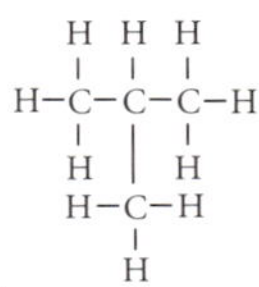

Homologe Reihen sind Folgen chemisch ähnlich aufgebauter Verbindungen mit ähnlichen Reaktionen (↑ S. 53, 56).

Alkane, Alkene, Alkine

Alkane sind kettenförmige KW mit C- und H-Atomen. Alle C-Atome sind durch Einfachbindungen verknüpft. Allgemeine Summenformel: C_nH_{2n+2}

Homologe Reihe der Alkane

Methan CH_4

Ethan $CH_3 - CH_3$

Propan
$CH_3 - CH_2 - CH_3$

Alkene sind kettenförmige KW mit C- und H-Atomen. Es gibt *eine* Doppelbindung. Allgemeine Summenformel: C_nH_{2n}

Homologe Reihe der Alkene

Ethen (Ethylen)
$CH_2 = CH_2$

Propen (Propylen)
$CH_3 - CH = CH_2$

Alkine sind kettenförmige KW mit C- und H-Atomen. Es gibt *eine* Dreifachbindung. Allgemeine Summenformel: C_nH_{2n-2}

Homologe Reihe der Alkine

Ethin (Acetylen)
$H - C \equiv C - H$

Propin
$CH_3 - C \equiv CH$

Aromaten

Einige ringförmige KW besitzen im Innern des Rings ein stabiles **Elektronensextett**. Sie gehören zu den Aromaten. Aromaten können außer C- und H-Atomen auch O- und N-Atome im Molekül haben.

Benzen (Benzol) C_6H_6:

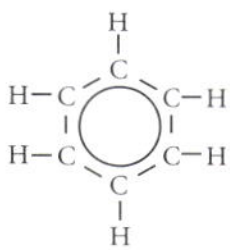

Strukturformel Symbol

Styren (Styrol, Vinylbenzen):

 $CH = CH_2$

Symbol

Funktionelle Gruppen

Funktionelle Gruppen sind Atome oder Atomgruppen, welche die chemischen Eigenschaften des organischen Stoffes wesentlich beeinflussen. Außer Kohlenstoff- und Wasserstoffatomen sind an funktionellen Gruppen oft Sauerstoff- und Stickstoffatome (manchmal Halogenatome u. a.) beteiligt.

Stoffe mit funktionellen Gruppen und Beispielen

Stoffklasse Name	**Funktionelle Gruppe**		**Beispiel**
	Formel	**Bezeichnung**	**Name und Strukturformel**
Alkohole Hydroxylgruppe	– OH	-ol	Ethanol (Ethylalkohol) 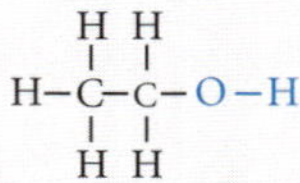
Phenole Hydroxylgruppe	– OH	Hydroxy-	Hydroxybenzen (Phenol) 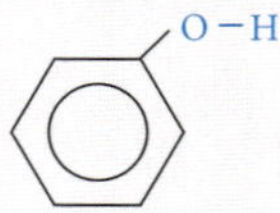
Halogenkohlenwasserstoffe Halogenatom	– F – Cl – Br – I (Hal)	Halogen-	Monobromethan 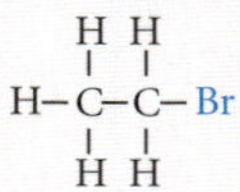

Stoffklasse Name	Funktionelle Gruppe		Beispiel
	Formel	**Bezeichnung**	**Name und Strukturformel**
Amine Aminogruppe	$-NH_2$	-amin	Ethylamin (Aminoethan) 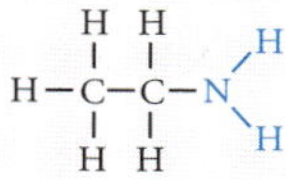
Ether Ethergruppe	– O –	-ether	Diethylether 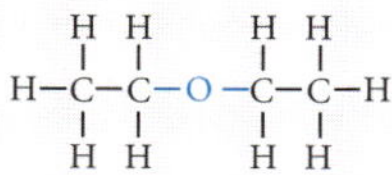
Aldehyde Aldehydgruppe	– CHO	-al	Ethanal (Acetaldehyd) 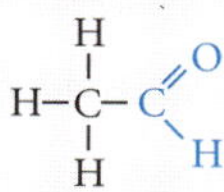
Ketone Ketogruppe	– C – ‖ O	-on	Propan-2-on (Aceton) 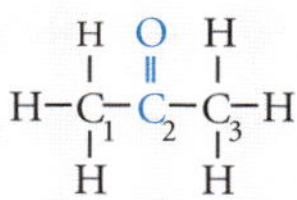
Carbonsäuren Carboxylgruppe	– COOH	-säure	Ethansäure (Essigsäure) 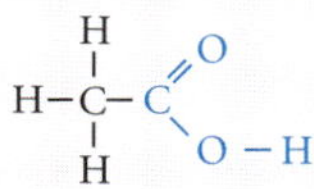

Alkohole

Das sind organische Verbindungen mit mindestens einer **Hydroxylgruppe.** Je nach Anzahl der funktionellen Gruppen unterscheidet man zwei Klassen.

Klassen:
einwertige Alkohole: *eine* Hydroxylgruppe, z. B. Ethanol
mehrwertige Alkohole: *mindestens zwei* Hydroxylgruppen, z. B. Glycerol (Glycerin)

Alkanole sind Stoffe einer homologen Reihe (↑ S. 52) mit einer Hydroxylgruppe. Allgemeine Summenformel: $C_nH_{2n+1}OH$

Alkanole sind einwertige Alkohole.

- **Methanol,** CH_3OH: farblose, giftige, brennbare Flüssigkeit, charakteristischer Geruch, gut mit Wasser mischbar

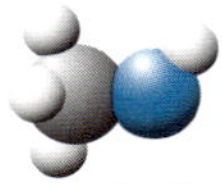

auch: Methylalkohol, Carbinol, Holzgeist; Verwendung: Lösungsmittel, Kraftstoffzusatz

- **Ethanol,** C_2H_5OH: farblose, gesundheitsschädliche, brennbare Flüssigkeit, charakteristischer Geruch (nach „Alkohol"), gut mit Wasser mischbar

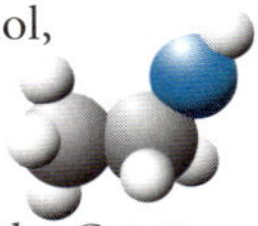

auch: Ethylalkohol, Alkohol, Weingeist; Verwendung: Lösungsmittel, alkoholische Getränke, Kraftstoffzusatz, Medizin

- **Propanol,** C_3H_7OH: farblose, giftige, brennbare Flüssigkeit, angenehmer Geruch, gut mit Wasser mischbar

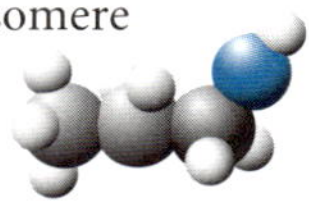

Es gibt zwei Isomere (↑ S. 52) des Propanols: Propan-1-ol und Propan-2-ol (Isopropanol); Verwendung: Lösungsmittel

Mehrwertige Alkohole:

- **Ethan 1,2 –diol,** $C_2H_4(OH)_2$: farblose, giftige Flüssigkeit, **Glycol**

Verwendung: Frostschutzmittel für Motoren (Glysantin), Kunststoffherstellung

- **Propan 1,2,3 –triol,** $C_3H_5(OH)_3$: farblose, ölige, stark wasseranziehende Flüssigkeit, **Glycerol**

auch: **Glycerin**

Phenole

Das sind Stoffe mit einem Benzenring (↑ S. 53) als Grundgerüst. Sie haben mindestens eine Hydroxylgruppe.

Phenol: farblos, kristallin, giftig, ätzend

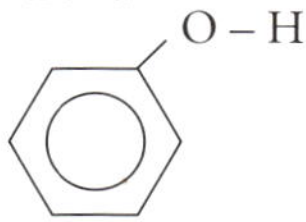

C_6H_5OH

Halogenkohlenwasserstoffe

Das sind organische Verbindungen mit Halogenatomen im Molekül.

- **Halogenalkane:** Monochlormethan, Trichlormethan, Tetrachlormethan, Monochlorethen (↑ S. 68)

Methylchlorid: CH_3Cl
Chloroform: $CHCl_3$
Tetra: CCl_4
Vinylchlorid: $CHCl = CH_2$

- **Fluorchlorkohlenwasserstoffe,** FCKW, enthalten Chlor- und Fluoratome im Molekül.

Dichlordifluormethan: CCl_2F_2
Trichlorfluormethan: CCl_3F
FCKW zerstören die Ozonschicht (↑ S. 81).

Aldehyde

Das sind organische Verbindungen mit mindestens einer **Aldehydgruppe.**

Alkanale sind Stoffe einer homologen Reihe (↑ S. 52) mit einer Aldehydgruppe. Allgemeine Summenformel: $C_nH_{2n+1}CHO$

Die Aldehydgruppe hat reduzierende Wirkung. Mit ammoniakalischer Silbernitratlösung entsteht ein Silberspiegel (↑ S. 92), mit fehlingscher Lösung rotes Kupfer(I)-oxid.

- **Methanal,** H – CHO: farblos, gasförmig, stechend riechend, sehr giftig (Krebs erregend)

auch: **Formaldehyd**
Verwendung: Kunststoffherstellung, Desinfektion, Konservierung

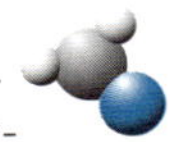

- **Ethanal,** CH_3 – CHO: farblos, flüssig, leicht flüchtig, stechend riechend, giftig (Krebs erregend), brennbar

auch: **Acetaldehyd**
Verwendung: Herstellung von Ethanol und Ethansäure, als Trockenspiritus

Ether und Ketone

Ether enthalten mindestens eine **Ethergruppe** im Molekül. Allgemeine Formel der Ethergruppe: $R^1 – O – R^2$

Ketone enthalten mindestens eine Ketogruppe im Molekül.

Diethylether (Ether):

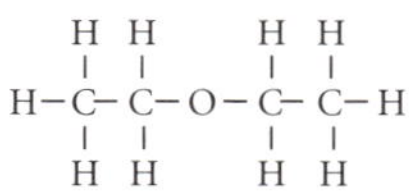

Propanon (Aceton):

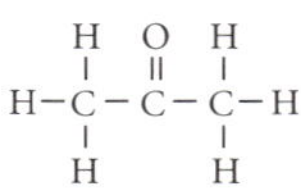

Carbonsäuren

Das sind organische Säuren mit mindestens einer **Carboxylgruppe.**

Von der Carboxylgruppe kann ein Wasserstoff-Ion (Proton) abgegeben werden. Sie reagieren ähnlich wie anorganische Säuren (↑ S. 40).

Alkansäuren sind Stoffe einer homologen Reihe mit *einer* Carboxylgruppe. Allgemeine Summenformel: $C_nH_{2n+1}COOH$

- **Methansäure,** H – COOH: farblos, flüssig, stechend riechend, stark ätzend, brennbar, gut wasserlöslich

auch: **Ameisensäure**
Salze: **Formiate**

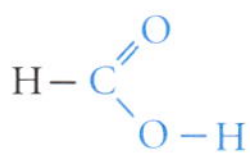

- **Ethansäure,** CH_3 – COOH: farblos, flüssig, stechend riechend, ätzend, gut wasserlöslich

auch: **Essigsäure**
Salze: **Acetate**

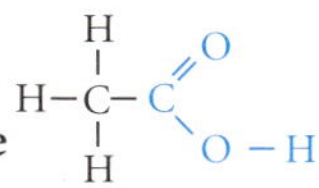

Alkandisäuren enthalten zwei Carboxylgruppen im Molekül, es sind **Dicarbonsäuren.** Sie sind farblos und kristallin.

Aufgepasst: Aminosäuren (↑ S. 61) enthalten die Carboxyl- und Aminogruppe im Molekül.

Oxalsäure (Ethandisäure)	Bernsteinsäure (Butandisäure)
COOH | COOH	COOH | CH_2 | CH_2 | COOH

Ester

Ester entstehen aus organischen oder anorganischen Säuren und Alkoholen unter Wasserabspaltung.

Aufgepasst:
Esterbindung: 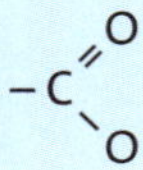

Vorkommen: Fette (↑ S. 64) = Gemische verschiedener Glycerolester, wobei Glycerol (↑ S. 57) mit Carbonsäuren versetzt ist (↑ S. 59).
Verwendung: Lösungsmittel, Aromastoffe, Parfümindustrie

Veresterung

Veresterung ist die Reaktion einer (organischen) Säure mit einem Alkohol. Aus Carboxylgruppe und Hydroxylgruppe wird Wasser abgespalten. Ein chemisches Gleichgewicht stellt sich ein.

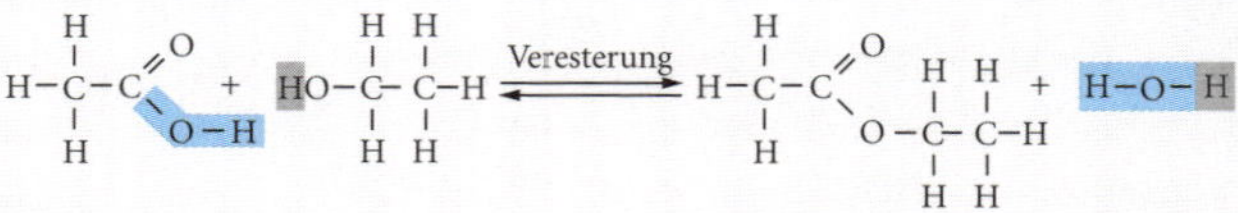

Ethansäure | Ethanol | Ethansäure-ethylester | Wasser (H_2O)

Verseifung

Verseifung ist die Spaltung eines Esters mittels Wasser. Säure und Alkohol entstehen.

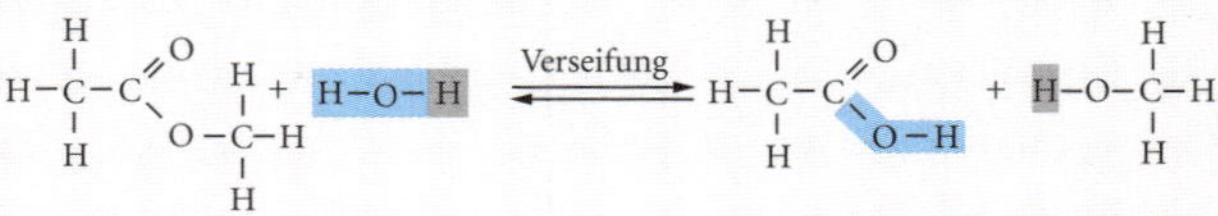

Ethansäure-methylester | Wasser (H_2O) | Ethansäure | Methanol

Amine

Das sind organische Verbindungen mit mindestens einer **Aminogruppe** (↑ S. 55). Amine reagieren basisch.

Ethylamin:

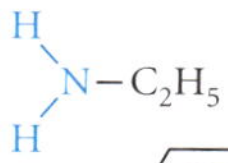

Anilin (Aminobenzen):

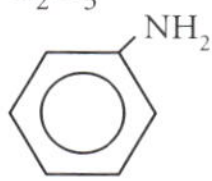

Aminosäuren

Das sind organische Verbindungen mit mindestens einer Carboxylgruppe und mindestens einer Aminogruppe.

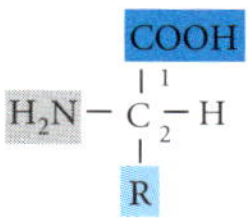

– NH_2: Aminogruppe

– COOH: Carboxylgruppe

– R : Seitenkette

Als **proteinogene Aminosäuren** werden die 20 Aminosäuren bezeichnet, die am Aufbau der Eiweiße (↑ S. 65) beteiligt sind. Aminosäuren sind farblos und fest.
Zwei Aminosäuren reagieren miteinander zu einem **Dipeptid.** Wasser wird abgespalten. Eine **Peptidbindung** entsteht.

Aminosäuren:

Glycin (Gly)

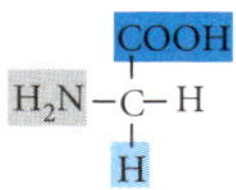

Alanin (Ala)

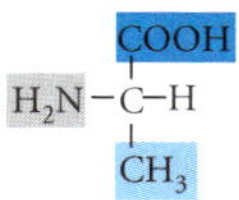

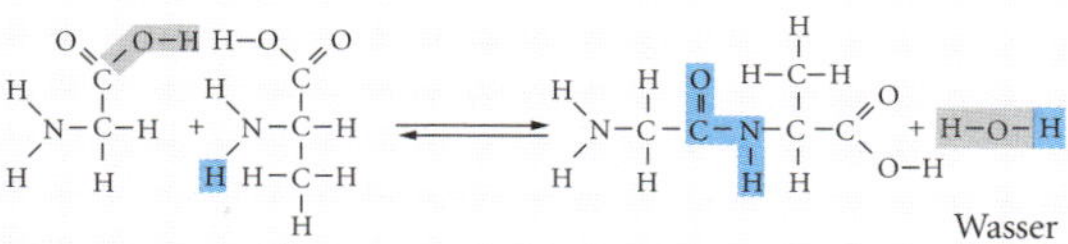

Glycin Alanin Dipeptid Wasser (H_2O)

TOPTHEMA

Makromolekulare Stoffe

Makromoleküle

Makromolekulare Stoffe bestehen aus sehr großen Molekülen aus einer Vielzahl von Atomen, die durch Atombindungen (↑ S. 11) verknüpft sind. Ihre molaren Massen sind größer als 10 000 g/mol. Makromolekulare Stoffe sind vorwiegend organische Verbindungen.

- **Makromoleküle**
  - linear (fadenförmig, kettenförmig)
    - unverzweigt
    - verzweigt
  - flächig
  - räumlich

Natürliche Makromoleküle

Einteilung

Stoffgruppe	**Eiweiße**	**Fette**	**Kohlenhydrate** (nur Polysaccharide)
Bestandteile	verknüpfte Aminosäurereste, AS (↑ S. 61) **Polypeptid** = bis zu 100 AS-Reste **Protein** = mehr als 100 AS-Reste	ein Glycerolrest (↑ S. 56) und drei Carbonsäurereste (Fettsäuren)	1000 bis 100 000 verknüpfte Monosaccharidreste (↑ S. 66)
Symbol			
Beispiele	Kollagene, Enzyme, Globuline	Olivenöl, Kokosfett, Sojaöl	Stärke (↑ S. 67), Cellulose

Synthetische Makromoleküle

Dies sind industriell hergestellte makromolekulare Stoffe. Im Molekül wiederholt sich eine Einheit, ein **Monomer.**

Kunststoffe: Polyethylen (↑ S. 69), Polyvinylchlorid (↑ S. 68), Polystyren

Kunstfasern: Polyester, Polyamide (↑ S. 69), Polyacrylnitril

Einteilung nach Syntheseart

Polymere entstehen durch Polymerisation (↑ S. 68).	**Polykondensate** entstehen durch Polykondensation.	**Polyadditionsprodukte** entstehen durch Polyaddition.
ein Ausgangsstoff mit mindestens einer Doppelbindung	zwei Ausgangsstoffe mit zwei funktionellen Gruppen	zwei Ausgangsstoffe, einer besitzt mindestens eine Doppelbindung
kein Nebenprodukt	Nebenprodukt meist Wasser	kein Nebenprodukt

Einteilung nach Struktur und Eigenschaften

Thermoplaste	**Duroplaste**	**Elastomere**
linear, wenig verzweigt, weich, plastisch, erweichen beim Erwärmen	räumlich stark vernetzt, sehr hart, erweichen nicht	gering vernetzt, weich, elastisch, nach Verformung wieder Ausgangszustand

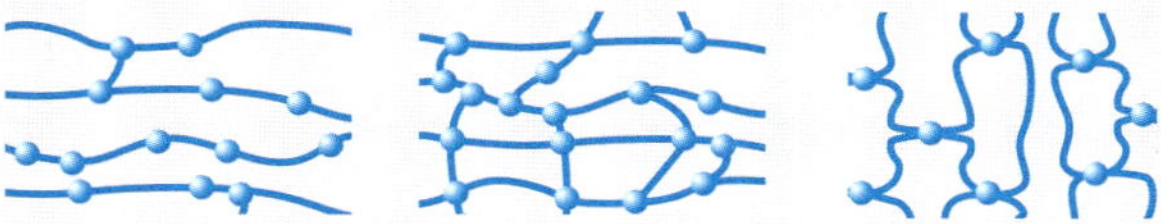

Natürliche makromolekulare Stoffe

Fette

Fette sind Gemische aus Estern des Glycerols (↑ S. 57). Im Molekül sind drei, meist unterschiedliche Fettsäurereste mit einem Glycerolrest verknüpft.

Ungesättigte Fettsäuren (z. B. Ölsäure, Linolsäure) enthalten mindestens eine Mehrfachbindung, **gesättigte Fettsäuren** (z. B. Palmitinsäure, Stearinsäure) enthalten nur Einfachbindungen.

- Fette sind gut in organischen Lösungsmitteln löslich.
- Sie reagieren mit Laugen zu Glycerol und Salzen der drei Fettsäuren.

Natriumstearat ist Hauptbestandteil von Kernseife. **Kaliumstearat** ist in Schmier- und Rasierseife enthalten.

Fette entstehen durch Veresterung (↑ S. 60) aus Glycerol (Propan-1,2,3-triol) und geradzahligen, höheren Carbonsäuren (↑ S. 59).

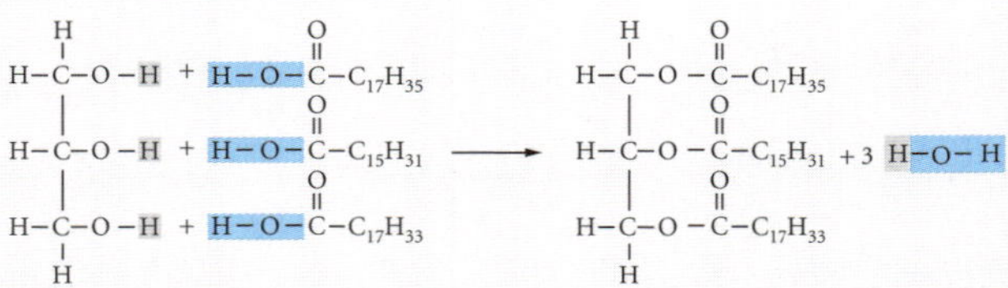

Propan-1,2,3-triol + Fettsäuren → Glycerolester + Wasser

Eiweiße

Eiweiße sind Makromoleküle (↑ S. 62) aus vielen durch Peptidbindung verknüpften Aminosäureresten (↑ S. 61).

Eiweiße sind Bausteine aller lebenden Zellen.
Sie werden in den Ribosomen durch **Proteinbiosynthese** hergestellt.

- **Primärstruktur:** Anzahl und Reihenfolge der Aminosäurereste (Sequenz)
- **Sekundärstruktur:** räumliche Anordnung der Aminosäurekette (1) und (2)
- **Tertiärstruktur:** gefaltete Raumstruktur des gesamten Moleküls
- **Quartärstruktur:** Anordnung mehrerer Untereinheiten

Aminosäuresequenz:

(1) Helixstruktur:

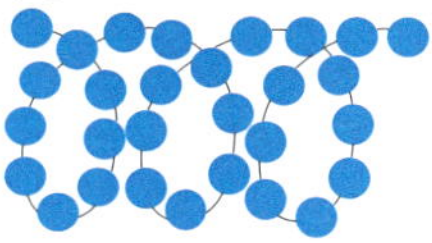

(2) Faltblattstruktur:

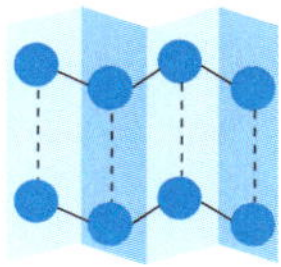

Eiweiße sind hitze- und chemikalienempfindlich. Die strukturelle Veränderung heißt **Denaturierung.**

Erhitzen über 60 °C zerstört die Tertiär- und Quartärstruktur. Auch Strahlung, Säuren, Basen, Schwermetall-Ionen und Alkohole führen zur Zerstörung, d. h. Denaturierung.

Enzyme sind **Biokatalysatoren** aus Eiweißen (mit Eiweißanteil).

Sie katalysieren Reaktionen in Zellen, z. B. Amylase, Katalase, Oxidoreduktasen.

Kohlenhydrate

Kohlenhydrate (KH) bestehen aus Kohlenstoff, Sauerstoff und Wasserstoff. Sie besitzen *mehrere* Hydroxylgruppen (↑ S. 56). Allgemeine Summenformel: $C_n(H_2O)_m$

Monosaccharide
= Einfachzucker
Disaccharide
= Zweifachzucker
Polysaccharide
= Vielfachzucker

Monosaccharide bestehen nur aus *einem* Ring, können nicht in einfachere KH zerlegt werden. Sie treten in Ketten- oder Ringform auf.

Triosen: 3 Kohlenstoffatome
Tetrosen: 4 Kohlenstoffatome
Pentosen: 5 Kohlenstoffatome
Hexosen: 6 Kohlenstoffatome

Glucose, Traubenzucker besitzt 6 C-Atome, von denen *fünf* einen Ring bilden. Es sind farblose, süß schmeckende, gut wasserlösliche Kristalle. *Aufgepasst:* Glucose wird mit fehlingscher Lösung nachgewiesen (↑ S. 93).

Ringform

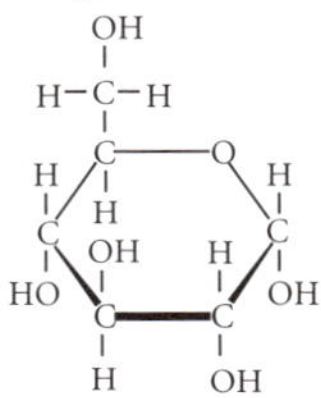

Symbol

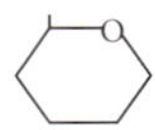

Summenformel: $C_6H_{12}O_6$

Fructose, Fruchtzucker besitzt 6 C-Atome, von denen *vier* einen Ring bilden. Es sind farblose, süß schmeckende, gut wasserlösliche Kristalle.

Ringform

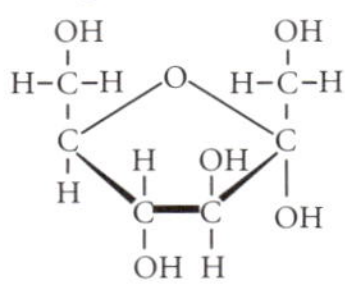

Symbol

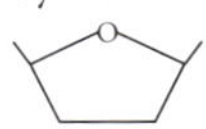

Summenformel: $C_6H_{12}O_6$

Disaccharide bestehen aus *zwei* Ringen und können in Monosaccharide zerlegt werden.

Maltose (Malzzucker): zwei Glucosereste sind verknüpft.

Saccharose, Rohrzucker besteht aus einem Glucose- und einem Fructoserest. Es sind farblose, süß schmeckende, gut wasserlösliche Kristalle.

Vereinfachte Strukturformel:

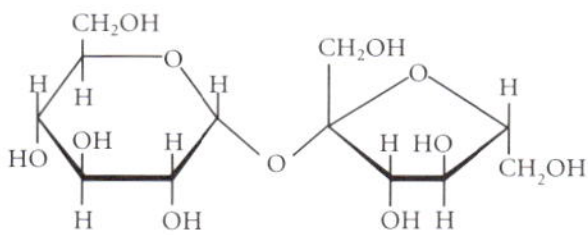

Polysaccharide sind Makromoleküle. Sie können in viele Monosaccharide zerlegt werden.

Cellulose: bis 10 000 verknüpfte Glucosemoleküle
Amylose: bis 1200
Amylopektin: bis 12 000

Stärke besteht aus Amylose und Amylopektin. Die Grundbausteine sind Glucosemoleküle.
Es ist ein farbloses, nicht süß schmeckendes, nicht brennbares, wasserunlösliches Pulver.

Amylose	**Amylopektin**
unverzweigte Ketten, schraubig gewunden	astähnlich verzweigte Ketten
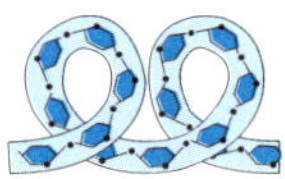	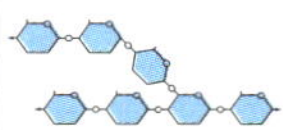

Cellulose (Zellstoff) besteht aus Tausenden, fadenförmig verknüpften Glucosemolekülresten. Sie ist fest, faserig, brennbar, nicht wasserlöslich.

Ausschnitt aus einem Cellulosemolekül:

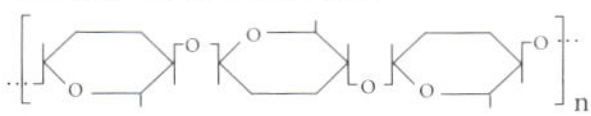

Synthetische makromolekulare Stoffe

Synthetische makromolekulare Stoffe, auch **Kunststoffe,** sind organische Verbindungen mit hoher Molekülmasse, die durch Synthese hergestellt werden.

Polykondensation: Es entstehen Makromoleküle aus Grundbausteinen mit funktionellen Gruppen. Mögliche Nebenprodukte sind H_2O; NH_3; HCl.
Polykondensate: Alkydharze („Bakelit"); Polyester; **Nylon;** Polycarbonat

Polymerisation

Dies sind Sonderfälle der Addition (↑ S. 51), bei der gleiche ungesättigte Monomere reagieren. Das Makromolekül heißt Polymer (↑ S. 63).
Polymerisate: Polyethylen, PE; **Polystyren,** PS (Polystyrol); Polytetrafluorethen, PTFE **(Teflon)**

Polymerisation von Monochlorethen (Vinylchlorid, ↑ S. 57) zu **Polyvinylchlorid**

Polyaddition

Dies sind Sonderfälle der Addition (↑ S. 51), bei der gleiche oder verschiedene Monomere mit funktionellen Gruppen reagieren. Das Makromolekül ist ein **Polyadditionsprodukt.**

Polyaddition zu **Polyurethan**

Plaste, Elastomere, Kunstfasern

	Ausgangsstoffe		Makromoleküle		
	Bezeichnung/Formel		Bezeichnung/Formel		
Plaste	Ethen (Ethylen)	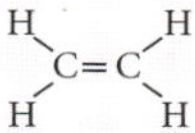	Polyethylen (Polyethen) PE	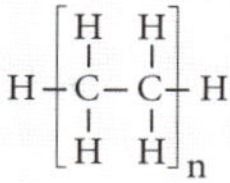	Polymerisation
Plaste	Monochlorethen (Vinylchlorid)	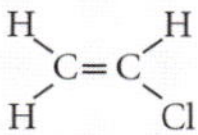	Polyvinylchlorid PVC	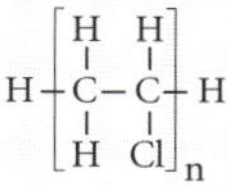	Polymerisation
Plaste	Tetrafluorethylen	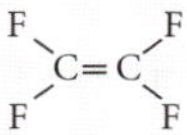	Polytetrafluorethylen PTFE	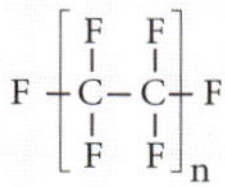	Polymerisation
Plaste	Monophenylethen (Styren, Styrol)	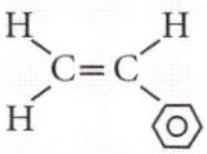	Polystyren (Polystyrol) PS	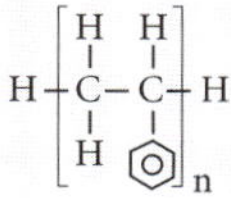	Polymerisation
Kunstfasern	– Dicarbonsäure	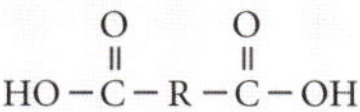	Polyester	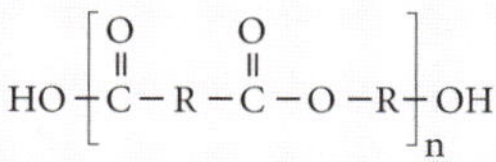	Polykondensation
Kunstfasern	– Dialkohol	$HO-R-OH$			Polykondensation
Kunstfasern	– Dicarbonsäure	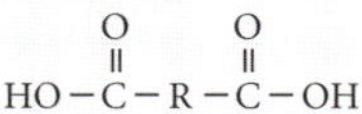	Polyamide	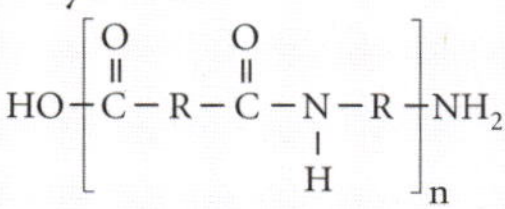	Polykondensation
Kunstfasern	– Diamin	$H_2N-R-NH_2$			Polykondensation
Elaste	Buta-1,3-dien (Butadien)	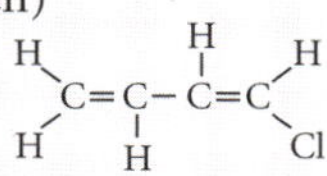	Synthesekautschuk	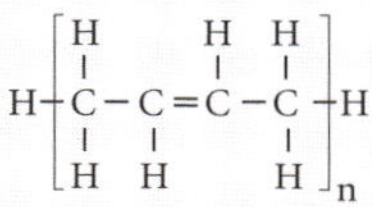	

Rohstoffe

Rohstoffe sind Ausgangsstoffe für chemisch-technische Prozesse. Nach Herkunft unterscheidet man mineralische, fossile, nachwachsende und **Sekundärrohstoffe.**

mineralisch: Bauxit (↑ S. 77), Eisenerze (↑ S. 76), Kalkstein
fossil: Kohle, Erdgas, Erdöl
nachwachsend: Holz, Baumwolle, Fette/Öle (↑ S. 64)
Sekundärrohstoffe: Altpapier, Glas, Plastabfälle, Altmetall

Kohle

Als Kohle werden alle kohlenstoffreichen festen **Brennstoffe** bezeichnet, die durch **Inkohlung** aus fossilen Pflanzen entstanden sind.

Braunkohle: 65–75 % C; 5–9 % H; 18–30 % O; 1–3 % S
Heizwert = 25 100–28 500 kJ/kg
Steinkohle: 85–90 % C; 5 % H; 3–7 % O; 1–2 % S
Heizwert = bis 355 000 kJ/kg

Bei der **Kohleveredlung** werden hochwertige Brennstoffe erzeugt.

- **Kohleentgasung,** auch **Verkokung** von Kohle: Herstellung von **Koks** aus Steinkohle im **Koksofen;** Produkte: Koks, Teer, Rohbenzen, Kokereigas

Verwendung der Produkte
Koks: Brennstoff, Reduktionsmittel im Hochofenprozess (↑ S. 76)
Teer: Gewinnung von Grundchemikalien, z. B. Aromaten (↑ S. 53) und Farben
Kokereigas: Heizgas

- **Synthesegaserzeugung:** Gewinnung von Gasgemischen aus fossilen Rohstoffen; Produkte: Synthese- oder Heizgas

Verwendung der Produkte
Synthesegas: Herstellung von Ammoniak (↑ S. 72) und Methanol (↑ S. 79)
Heizgas: Brennstoff (Stadtgas)

Erdöl

Erdöl ist ein komplexes Gemisch kettenförmiger, ringförmiger und aromatischer organischer Verbindungen (↑ S. 50).

Es entstand aus fossilem pflanzlichem und tierischem Material. Zusammensetzung (variiert): 85–90 % C; 10–14 % H; 0–2 % O; 0,1–7 % S

- **Rohöldestillation:** Zerlegung des Stoffgemisches in Siedefraktionen
- **Cracken:** Spaltung von hochsiedenden Fraktionen, thermisch oder katalytisch. **Pyrolyse:** Crackverfahren zur Gewinnung niederer Alkene und Aromaten
- **Reformieren:** Umwandlung von KW, z. B. aus Benzin, zur Erzeugung von Kraftstoffen und Aromaten

$$\underset{\text{Vakuumdestillat}}{C_{25}H_{52}} \xrightarrow{\text{Katalysator}} \underset{\text{Alkan}}{C_{15}H_{32}} + \underset{\text{Alkan}}{C_9H_{20}} + \underset{\text{Koks}}{C}$$

Niedere Alkene und Aromaten werden für die Herstellung von Kunststoffen (↑ S. 69) benötigt.

Die **Octanzahl** der Kraftstoffe wird durch Reformieren erhöht. Das Benzin erhält eine höhere Klopffestigkeit.

Erdgas

Erdgas ist ein komplexes Gemisch von einfachen Kohlenwasserstoffen (↑ S. 52) und anderen Gasen. Es wird gereinigt und als Heizgas oder Rohstoff verwendet.

Es bildet sich ähnlich wie Erdöl. Die Zusammensetzung variiert stark je nach Entstehungsbedingungen: 55–80 % C; 20–25 % H; 0 % O; 0–25 % S. Reinigung durch: Kühlen, Waschen oder fraktionierte Destillation

6 Chemische Verfahren und Umweltchemie

Herstellung von Ammoniak

Die **Ammoniaksynthese** ist eine Gleichgewichtsreaktion (↑ S. 17). Sie wird auch als **Haber-Bosch-Verfahren** bezeichnet.

Verwendung (↑ S. 37): zur Herstellung von Düngemitteln, Salpetersäure, Soda und Kunststoffen

- Einleiten der vorgeheizten Ausgangsstoffe in den Reaktor

Ausgangsstoffe: Synthesegas ($N_2 + 3H_2$); Eisenkatalysator
$T = 400–500\,°C$
$p = 25–30\ MPa$

- exotherme Reaktion am Katalysator zu Ammoniak
- Abtrennen des NH_3 durch Kondensation

$N_2 + 3\,H_2 \rightarrow 2\,NH_3$
$Q = -92\ kJ/mol$
Ausbeute: 15–20 % NH_3

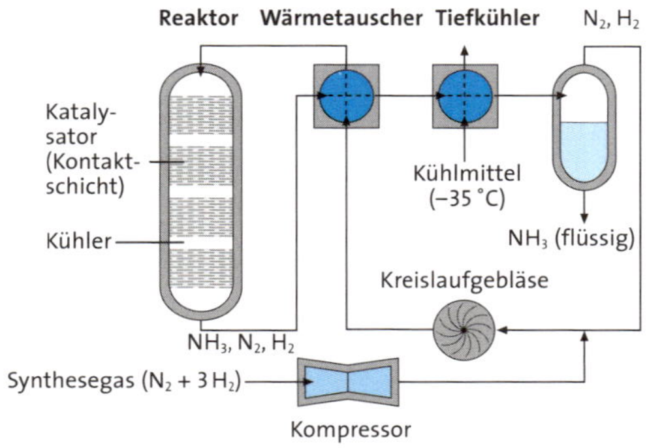

Herstellung von Salpetersäure

Salpetersäure (↑ S. 37, 42) wird durch schrittweise Oxidation von Ammoniak und Einleitung von Stickstoffdioxid in Wasser nach dem **Ostwald-Verfahren** hergestellt.

Verwendung: zur Herstellung von Düngemitteln, Sprengstoffen, Kunststoffen

- Einleiten des NH_3-Luft-Gemisches in den Kontaktofen

Ausgangsstoffe: NH_3, H_2O, Luft; Platinkatalysator
$T = 850–950\,°C$
$p = 0{,}3–1{,}5\ MPa$

- Oxidation von NH_3 zu NO am Katalysator

$4\,NH_3 + 5\,O_2 \rightarrow 4\,NO + 6\,H_2O$
$Q = -904\ kJ/mol$

- Oxidation von NO zu NO_2

$2\,NO + O_2 \rightarrow 2\,NO_2$
$Q = -116\ kJ/mol$

- Reaktion von NO_2 mit Wasser zu HNO_3

$3\,NO_2 + H_2O \rightarrow 2\,HNO_3 + NO$
$Q = -73\ kJ/mol$

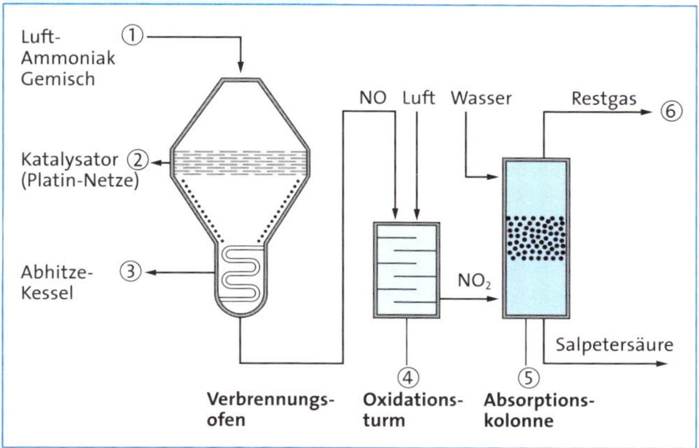

Herstellung von Schwefelsäure

Schwefelsäure (↑ S. 38, 42) wird im **Kontaktverfahren** mit einem Vanadium(V)-oxid-Katalysator bei 420–450 °C und Normaldruck hergestellt.

Verwendung: Herstellung von Düngemitteln, Waschmitteln, anorganischen Salzen und zur Metallverarbeitung

- Einleiten der Ausgangsstoffe
- Oxidation (Verbrennung) von Schwefel zu SO_2
- katalytische Oxidation von SO_2 zu SO_3 im Kontaktofen
- Absorption von SO_3 in H_2SO_4 (96 %), anschließende Verdünnung

Ausgangsstoffe: Schwefel, Luft, Wasser

$S + O_2 \rightarrow SO_2$
$Q = -297$ kJ/mol

$2\,SO_2 + O_2 \rightarrow 2\,SO_3$
$Q = -99$ kJ/mol

vereinfacht:
$SO_3 + H_2O \rightarrow H_2SO_4$
96 % → 100 %

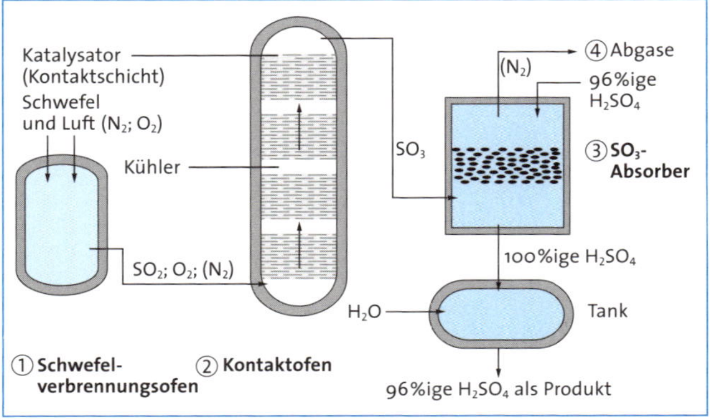

Herstellung von Branntkalk

Branntkalk, CaO (↑ S. 36), wird durch thermische Zersetzung von Calciumcarbonat, dem Kalkbrennen im **Kalkschachtofen,** bei 1000 °C hergestellt.

Verwendung: Kalkmörtel, Glas, Soda; Abwasserreinigung, Zucker- und Zellstoffindustrie

- Zufuhr der Ausgangsstoffe

Ausgangsstoffe: Calciumcarbonat (Kalkstein, ↑ S. 46), Koks, Luft

- Reaktion von Koks (C) mit Luft, Erzeugung der Reaktionstemperatur

$C + O_2 \rightarrow CO_2$
$Q = -394$ kJ/mol

- Zersetzung von $CaCO_3$ zu CaO (endotherm)

$CaCO_3 \rightarrow CaO + CO_2$
$Q = +181$ kJ/mol

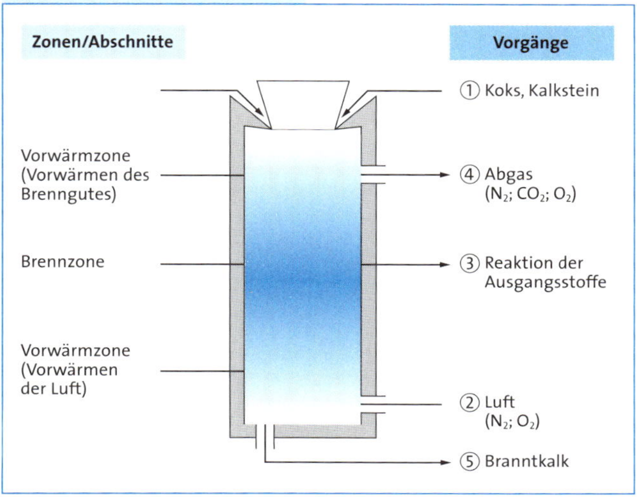

6

Herstellung von Eisen und Stahl

Roheisen (↑ S. 31) wird im **Hochofen** bei bis zu 2000 °C erzeugt. Es wird von Verunreinigungen befreit und mit Zusätzen verschmolzen, Stahl entsteht.

Roheisen: 4 % C-Gehalt, hart, spröde
Stahl: < 2 % C-Gehalt, schmiedbar
Verwendung (in Form von Legierungen): Bauindustrie, Werkstoffe, Werkzeuge

Hochofenprozess:
- Zufuhr der Rohstoffe
- Reaktion von Koks mit O_2 (Schmelzzone)
- Reaktion von CO_2 und C zu CO (Kohlungszone)
- Reduktion der Eisenerze durch CO (Reduktionszone) zu Roheisen

Ausgangsstoffe: Eisenerze, Koks, Kalkstein (Zuschlag), Luft

$$C + O_2 \rightarrow CO_2$$
$$C + CO_2 \rightarrow 2CO$$
$$Fe_2O_3 + CO \rightarrow 2FeO + CO_2$$
$$FeO + CO \rightarrow Fe + CO_2$$

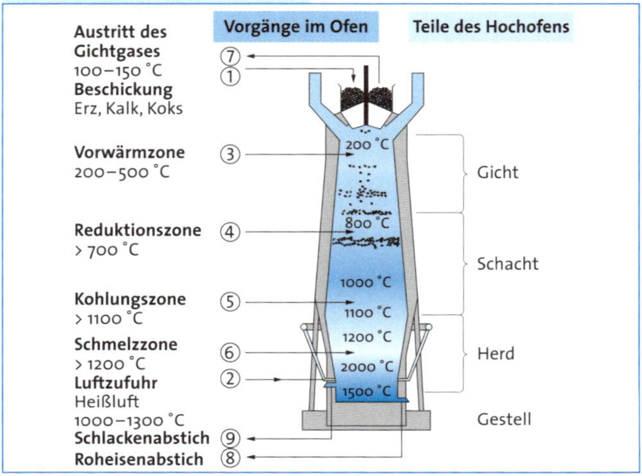

Herstellung von Aluminium

Aluminium wird durch **Schmelzflusselektrolyse** bei 1000 °C und einer Zellspannung von 5 Volt hergestellt.

Verwendung: Fahrzeug- und Flugzeugbau, Bauindustrie, Maschinenbau, Verpackungen, Elektrotechnik

- Elektrolyse (↑ S. 19) von geschmolzenem Al_2O_3, (liegt *formal* als Al^{3+} und O^{2-} vor)

Ausgangstoff: **Bauxit** (enthält Al_2O_3), Eisenoxide, Siliciumdioxid

- Anode: Oxidation der „Oxid-Ionen" (O^{2-})

Anode aus Kohlenstoff (Graphit):
$3\,O^{2-} + 2\,C \rightarrow CO + CO_2 + 6e^-$

- Katode: Reduktion der Aluminium-Ionen

Katode aus Kohlenstoff:
$2\,Al^{3+} + 6e^- \rightarrow 2\,Al$

- Abstich: Ansammlung des gebildeten Aluminiums

Reaktionsprodukte: Aluminium, Abgas (CO und CO_2

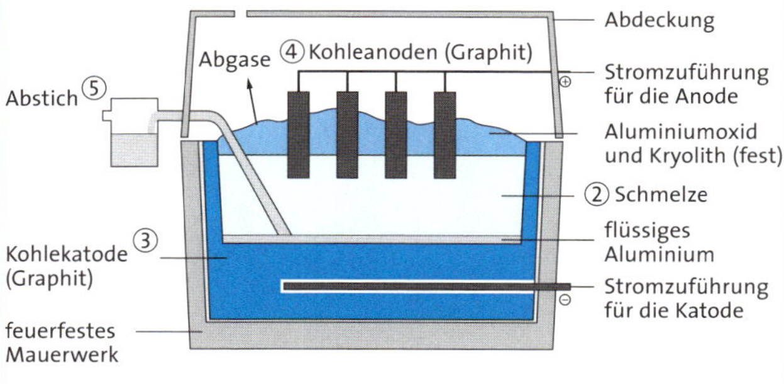

Herstellung von Natriumhydroxidlösung

Natriumhydroxidlösung wird durch Elektrolyse von Natriumchloridlösung im **Membranverfahren** bei einer Zellspannung von 3–4 Volt hergestellt.

Verwendung von NaOH: Zellstoff- und Papierindustrie, Waschmittel, Seifen
Verwendung von Cl_2: Kunststoffherstellung, Bleichmittel.

- Anode: Oxidation der Chlorid-Ionen zu Chlor

Ausgangsstoffe: festes NaCl, Wasser; Anode aus Titan
$2Cl^- \rightarrow Cl_2\uparrow + 2e^-$

- Membran: Wanderung von Natrium-Ionen

Na^+	→	→	→	Na^+
Anodenraum		selektive Membran		Katodenraum

- Katode: Reduktion der Wassermoleküle zu Wasserstoff und Hydroxid-Ionen

Katode aus Stahl:
$2\,H_2O + 2e^- \rightarrow H_2\uparrow + 2\,OH^-$

- Reaktion von Na^+ mit OH^-

$2\,Na^+ + 2\,OH^- \rightarrow 2\,NaOH$

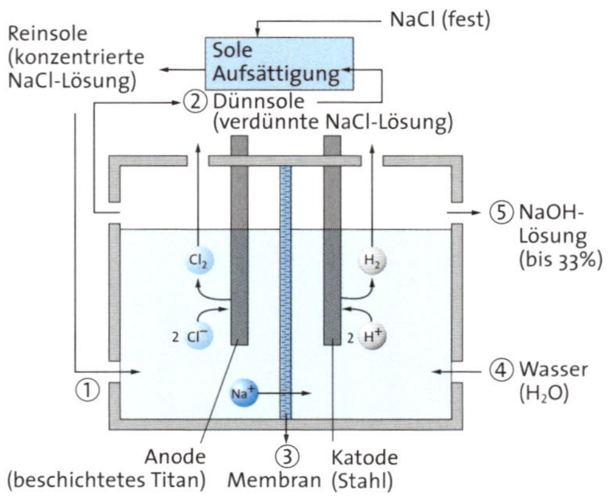

Herstellung von Methanol und Ethanol

Ethanol (↑ S. 56) wird durch alkoholische Gärung aus Kohlenhydraten (↑ S. 66) oder durch Hydratisierung von Alkenen (↑ S. 53) erzeugt.

Verwendung: als Lösungsmittel, Treibstoff, Brennspiritus, für alkoholische Getränke

alkoholische Gärung: Vergärung von Monosacchariden zu Ethanol und CO_2 durch Enzyme von Hefen

$$C_6H_{12}O_6 \rightarrow 2\,C_2H_5OH + 2\,CO_2$$

Methanol wird in einer Gleichgewichtsreaktion mit einem Mischkatalysator (Al-, Cu-, Zn-Oxide) in einem Reaktor hergestellt.

Verwendung: Herstellung organischer Stoffe, Lösungsmittel, Kraftstoff
Ausgangsstoff: Synthesegas (CO und H_2)

$$CO + 2\,H_2 \rightarrow CH_3OH$$

$Q = -92$ kJ/mol

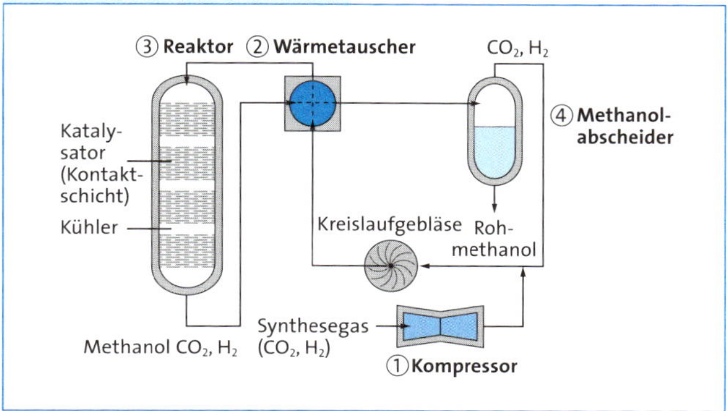

Umweltchemie

Luft

Luft ist ein Stoffgemisch aus verschiedenen Gasen. Die Lufthülle der Erde heißt **Atmosphäre.**

bodennahe Luftschichten: 78,09 % N_2, 20,95 % O_2, 0,93 % Ar, 0,03 % CO_2
Rest: Edelgase, H_2, Wasserdampf, SO_2, CO, Ozon

Die **Luftbelastung** wird durch **Luftschadstoffe** verursacht. Sie wirken direkt (z. B. Gifte) oder indirekt (z. B. auf das Klima). Gasförmige Luftschadstoffe entstehen durch Kraftwerke, Industrieanlagen, Heizungen, Kraftfahrzeuge, Luftverkehr.

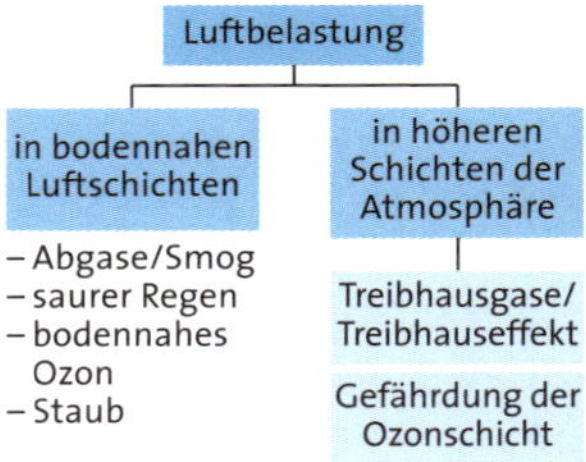

Umweltschäden:

- Übersäuerung der Niederschläge, **saurer Regen**

Abgase reagieren mit Luftfeuchtigkeit zu Säuren:
$SO_3 + 2\,H_2O \rightarrow 2\,H_3O^+ + SO_4^{2-}$

- Schädigung von Pflanzen durch Oxidanzien

bilden sich durch Reaktionen aus Abgasen unter Lichteinfluss

- Entstehung von **Smog** und bodennahem **Ozon**

Smog: aus smoke (engl. für Rauch) + fog (engl. für Nebel)

- Erhöhung des **Treibhauseffekts**

Ein natürlicher Treibhauseffekt existiert schon Jahrmillionen.

Smog

■ **Wintersmog** entsteht durch Überlagerung von bodennaher Kaltluft mit wärmerer Luft (Inversionswetter).
■ **Sommersmog** entsteht durch fotochemische Reaktionen mit Bestandteilen der Abgase, wodurch Ozon frei wird.

Schadstoffe in bodennahen Luftschichten: SO_2, Stickstoffoxide (↑ S. 37), KW, Ruß, Säuren aus Oxiden und Feuchtigkeit

Ozon gehört zu den **Fotooxidanzien.**

Zerstörung der Ozonschicht

Als **Ozonloch** wird die Abnahme der Ozonkonzentration in der Stratosphäre bezeichnet. Ozon wird durch FCKW (↑ S. 57) und Stickstoffoxide abgebaut, zerstört.

Ozon entsteht durch Wirkung von UV-Strahlung auf O_2.

$$O_2 \xrightarrow{\text{Strahlung}} 2\,O$$

O	+	O_2	$\longrightarrow$	O_3
atomarer Sauerstoff		Sauerstoffmolekül		Ozonmolekül

Treibhauseffekt

Der künstlich (vom Menschen, anthropogen) erzeugte Treibhauseffekt wird durch Gase hervorgerufen, die die Wärmestrahlung der Sonne absorbieren.

Künstlich erzeugte Treibhausgase: Kohlenstoffdioxid (CO_2), Methan (CH_4), Distickstoffmonooxid (N_2O), Fluorchlorkohlenwasserstoffe (FCKW), bodennahes Ozon (O_3)

Gewässer

Gewässer können physikalisch (Erwärmung) oder chemisch durch gelöste und nicht lösliche Stoffe belastet werden.

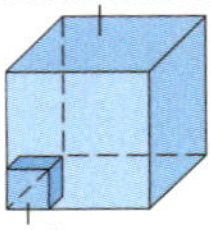

Thermisch:
- Kühlwasser aus industriellen Prozessen

Abnahme der O_2-Löslichkeit, Zunahme der Reaktionsgeschwindigkeit

Unlösliche Stoffe:
- Schwebstoffteilchen

Trübung des Wassers, Verringerung von Fotosynthese

- Öle und Fette aus Tankerunfällen und illegaler Verklappung

Bildung eines luftundurchlässigen Ölfilms

Lösliche Stoffe:
- Phosphat-Ionen aus Waschmitteln, Landwirtschaft (Exkremente und Mineraldünger)

Eutrophierung der Gewässer, übermäßiges Pflanzenwachstum, hoher Sauerstoffverbrauch durch Abbauprozesse

- Nitrat-Ionen aus Haushaltsabwässern, Landwirtschaft (Exkremente und Mineraldünger)

Eutrophierung der Gewässer, Gefährdung des Trinkwassers (Bildung von Krebs erregendem Nitrit im Körper)

- Schwermetall-Ionen aus Industrieabwässern, Treibstoffen und Deponien

starke Giftwirkung auf Lebewesen, Anreicherung in der Nahrungskette

Boden

Der Boden kann durch wasserlösliche Luftschadstoffe, Schwermetalle, Düngemittel, Biozide oder Stoffe aus Deponien belastet werden.	Boden besteht aus Bodenteilchen, Bodenwasser, Bodenluft, anorganischen und organischen Bestandteilen.
Wasserlösliche Luftschadstoffe: ■ Gase aus Abgasen, die mit H_2O Säuren bilden	Versauerung des Bodens, z. B. durch: SO_2, NO_2 $SO_2 + H_2O \rightarrow H_2SO_3$
■ Düngemittel aus der Landwirtschaft	Gefährdung des Grundwassers, Eutrophierung der Gewässer
■ Stoffe aus Deponien **(Altlasten)** enthalten Säuren, Mineralöle	Versauerung des Bodens, Schädigung durch Giftwirkung
■ **Biozide** aus der Landwirtschaft (Schädlingsbekämpfung)	Herbizide, Insektizide, Fungizide
Schwermetalle:	Schwermetalle denaturieren Eiweiße (↑ S. 65).
■ Blei (Treibstoffzusätze, Farben)	Vergiftungen, Anreicherung im Körper, Lähmung
■ Cadmium (Batterien, Klärschlamm)	Vergiftungen, Krebs, Lungen- und Nierenschäden, Krämpfe
■ Quecksilber (Thermometer, Amalgame)	Vergiftungen, Zahnausfall, Kopfschmerzen, Krämpfe

7 Experimentieren und nachweisen

Sicherheit und Gefahrstoffe

Gefahrstoffverordnung

Sie legt fest, dass gefährliche Stoffe durch Gefahrstoffsymbole zu kennzeichnen sind.

R-Sätze: Gefahrenhinweise zu den Gefahrstoffsymbolen
S-Sätze: Sicherheitsratschläge
E-Sätze: Entsorgungshinweise

Gefahrstoffsymbole
- T = giftig
- Xn = gesundheitsschädlich; Xi = reizend
- C = ätzend
- N = umweltgefährlich
- E = explosionsgefährlich

T giftig · Xn gesundheitsschädlich · C ätzend

N umweltgefährlich · E explosionsgefährlich

Brandbekämpfung

- Entfernen brennbarer Stoffe vom Brandherd
- Verhindern des Sauerstoffzutritts
- Abkühlen

Wassersperre, Feuerschneise (bei Waldbränden), Abdecken (Löschdecke), Zuschütten (Sand), Löschen mit Wasser oder CO_2-Schaum

Gefahrstoffsymbole:
- F = entzündlich
- O = brandfördernd

F entzündlich · O brandfördernd

Experimentieren

Experimente dienen zur Überprüfung von Zusammenhängen und Voraussagen.	Schrittfolge: 1. Vorbereitung 2. Durchführung 3. Beobachtung 4. Auswertung
Planung:	
■ Erfassen und Durchdenken der Aufgabe	Ziel des Experimentes
■ Planen der Geräte/Apparaturen (↑ S. 86)	Geräte und Chemikalien, Skizze zum Versuchsaufbau
■ Vorbereiten der Durchführung	Bereitstellen von Geräten und Chemikalien, Informieren über Gefahrstoffe, Aufbau
■ Durchdenken des Ablaufs	Gedankliche Durchführung, Prüfen von Gefahrenquellen

Protokoll

Protokollschema:	
1. Aufgabenstellung	1. Fragestellung und Ziel des Experimentes
2. Vorbetrachtungen	2. Benötigte Kenntnisse, Arbeitsschutz
3. Geräte und Chemikalien	3. Liste erstellen
4. Durchführung	4. Arbeitsschritte, Durchführungsskizze
5. Beobachtungen	5. Veränderungen, Messwerte
6. Auswertung (mit Bezug zur Aufgabenstellung)	6. Deuten der Werte, Schlussfolgerungen, Reaktionsgleichungen, Berechnungen

Gasbrenner

Er wird auch Bunsenbrenner genannt und funktioniert mit Stadtgas oder Erdgas.

- **leuchtende Flamme:** Luftschraube geschlossen; bis 1000 °C; lautlos, flackernd, gelb
- **rauschende** (nicht leuchtende) **Flamme:** Luftschraube offen; bis 1500 °C; rauscht, schwach blau

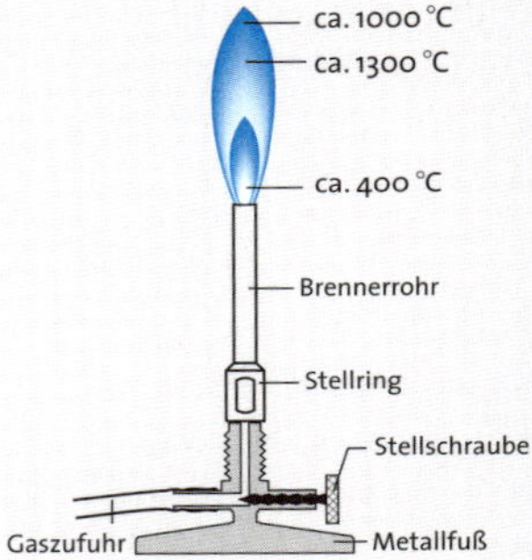

Geräte

Laborgeräte sind Glasgeräte. **Hilfsmittel** sind zusätzlich benötigte Geräte aus verschiedenen Materialien.

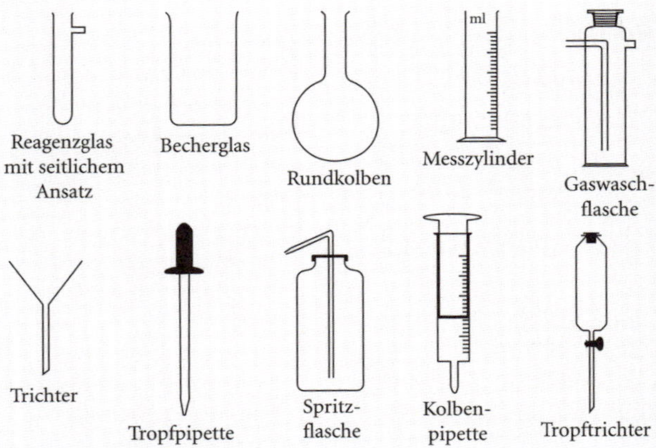

Apparaturen

Apparaturen bestehen aus mehreren miteinander verbundenen Geräten und Hilfsmitteln. Sie dienen zur Trennung von Stoffgemischen (↑ S. 7) und zur Durchführung häufig wiederkehrender Reaktionen.

Eindampfen

Filtrieren

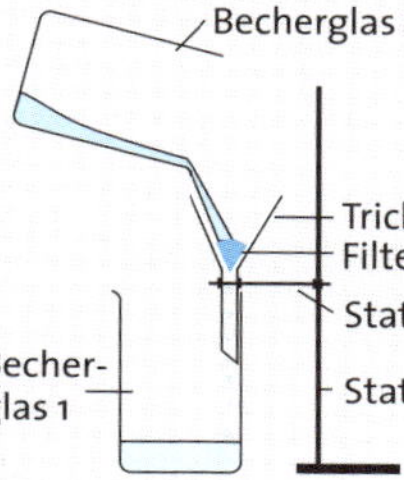

Destillieren

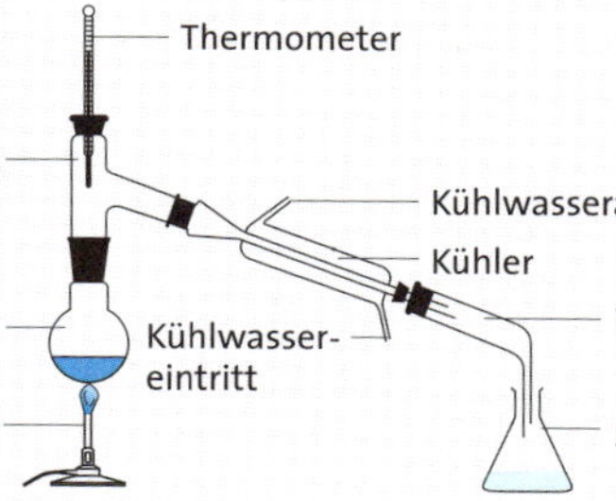

Gasentwicklung

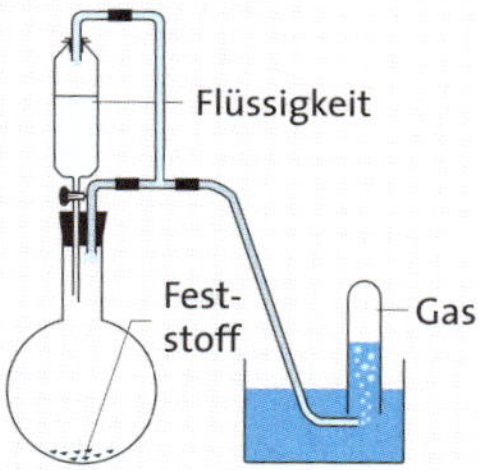

Reaktion von Gasen mit Feststoffen

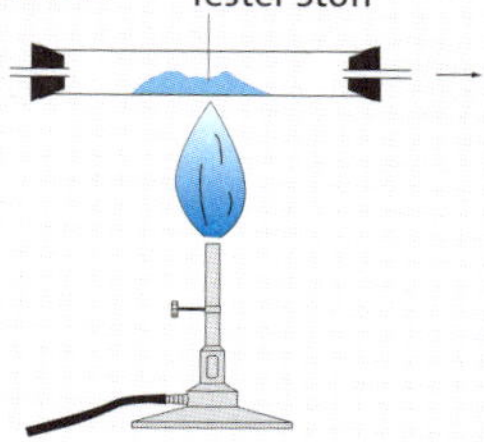

Anorganische Nachweisreaktionen

Fällungsreaktionen

Fällungsreaktionen (↑ S. 21) werden als Nachweis für Ionen verwendet.

Ionen aus der Lösung und dem Nachweismittel reagieren zu schwer löslichen Stoffen. Diese fallen aus.

Nachweis einiger Ionen durch Fällungsreaktionen

nachzuweisende Ionen	Nachweismittel	Fällungsreaktion Farbe des Niederschlags
Chlorid-Ionen, Cl^-	Silbernitratlösung ($AgNO_3$-Lösung)	$Ag^+ + Cl^- \rightarrow AgCl\downarrow$; Silberchlorid löst sich in *verdünnter* Ammoniaklösung. Niederschlag: weiß
Bromid-Ionen, Br^-	Silbernitratlösung ($AgNO_3$-Lösung)	$Ag^+ + Br^- \rightarrow AgBr\downarrow$ Silberbromid löst sich in *konzentrierter* Ammoniaklösung. Niederschlag: gelblichweiß
Iodid-Ionen, I^-	Silbernitratlösung ($AgNO_3$-Lösung)	$Ag^+ + I^- \rightarrow AgI\downarrow$ Silberiodid löst sich nicht in Ammoniaklösung. Niederschlag: gelb
Sulfat-Ionen, SO_4^{2-}	Bariumchloridlösung ($BaCl_2$-Lösung); mit einigen Tropfen Salzsäure	$Ba^{2+} + SO_4^{2-} \rightarrow BaSO_4\downarrow$ Das Ansäuern mit Salzsäure verhindert das Ausfällen von Bariumcarbonat. Niederschlag: weiß
Sulfid-Ionen, S^{2-}	Bleiacetat; $Pb(CH_3\text{-}COO)_2$ als Bleiacetatpapier oder -Lösung	$Pb^{2+} + S^{2-} \rightarrow PbS\downarrow$ Niederschlag: schwarz

Nachweise von Gasen

Nachweis von CO_2: Einleiten des Gases in Calciumhydroxidlösung, $Ca(OH)_2$; oder Bariumhydroxidlösung, $Ba(OH)_2$.

Trübung durch Ausfallen von schwer löslichem Carbonat.

Aus Carbonaten (↑ S. 35) wird CO_2 durch Zugabe von verdünnter HCl freigesetzt. Dieses wird dann in $Ca(OH)_2$- oder $Ba(OH)_2$-Lösung eingeleitet.

Fällungsreaktion:

$$Ca(OH)_2 + CO_2 \rightarrow CaCO_3\downarrow + H_2O$$

weißer Niederschlag

Nachweis von O_2 mittels Spanprobe:
Holzspan zum Glimmen bringen, in Reagenzglas mit Gas eintauchen. Span flammt auf (ab 30 % O_2).

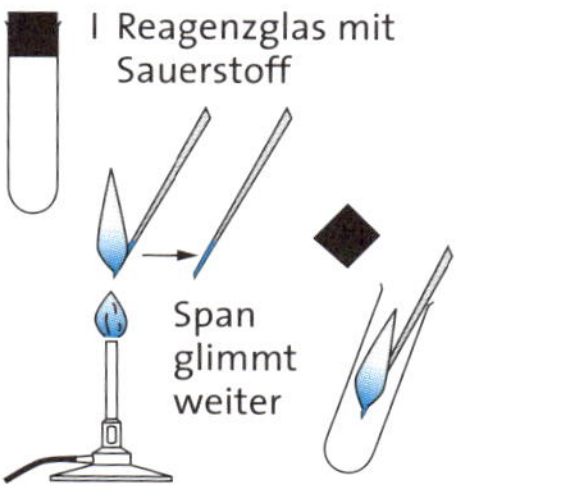

II
Span entzünden, dann ausblasen

III
glimmenden Span in das Gas eintauchen

Nachweis von H_2 mittels Knallgasprobe: Gemische aus H_2/O_2 sind explosiv. Reagenzglas mit H_2/O_2 an Brennerflamme halten. Lauter Pfiff/Knall ist zu hören (VORSICHT!).

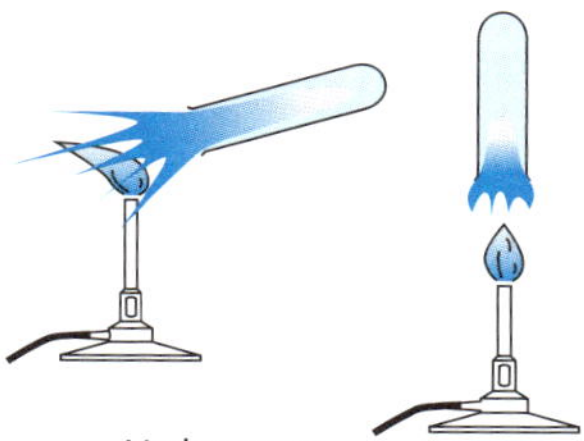

Verbrennen von reinem Wasserstoff

Nachweise durch Farbreaktionen

Nachweis von Ammoniak (↑ S. 37) und Ammonium-Ionen: Zugabe einer starken Base zum unbekannten Stoff, NH_3 wird frei. NH_3 reagiert mit H_2O zu $NH_4^+ + OH^-$; Hydroxid-Ionen färben Unitest blau.

Es ist ein indirekter Nachweis, da die gebildeten Hydroxid-Ionen und nicht NH_3 nachgewiesen werden.

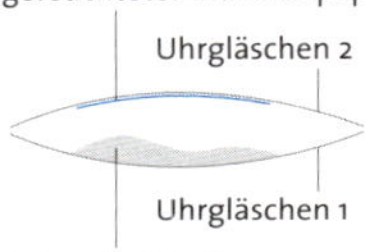

Nachweis von Wasser (↑ S. 34): Entwässertes, weißes Kupfer(II)-sulfat, $CuSO_4$ färbt sich durch die Aufnahme von Wasser (Kristallwasser) blau.

Wasser bzw. Probe der zu untersuchenden Flüssigkeit

Nachweis von Wasserstoff- und Hydroxid-Ionen mit Farbindikatoren.

Farbindikatoren sind Stoffe, deren Farbe von der Konzentration bestimmter Ionen abhängt.

Indikatoren

Farbänderung bei H^+ (H_3O^+)	Indikator	Farbänderung bei OH^-
wird rot (Rotstufen)	Unitest	wird blau (Blaustufen)
wird rot	Lackmus	wird blau
bleibt farblos	Phenolphtalein	wird rosa bis rot
wird violett	Methylrot	wird gelb
wird gelb	Bromthymolblau	wird hellblau

Nachweis von Nitrat-Ionen:
Ansäuern mit verdünnter H_2SO_4-Lösung. Zugabe frisch bereiteter $FeSO_4$-Lösung. Unterschichten mit konzentrierter H_2SO_4. An der Grenzfläche entsteht ein brauner Ring.

VORSICHT! Kein Schülerversuch!

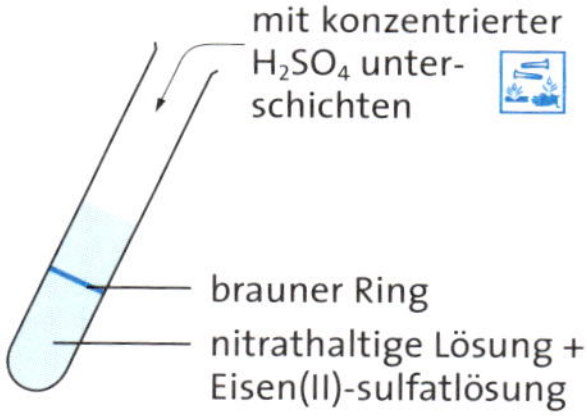

Flammenfärbungen

Flammenfärbungen sind Vorproben zur Identifizierung von Metallen (↑ S. 31).

- Magnesiastäbchen ausglühen (reinigen).
- Zuerst in konzentrierte HCl (VORSICHT!), dann in Substanz tauchen.
- In rauschende Brennerflamme (↑ S. 86) halten.

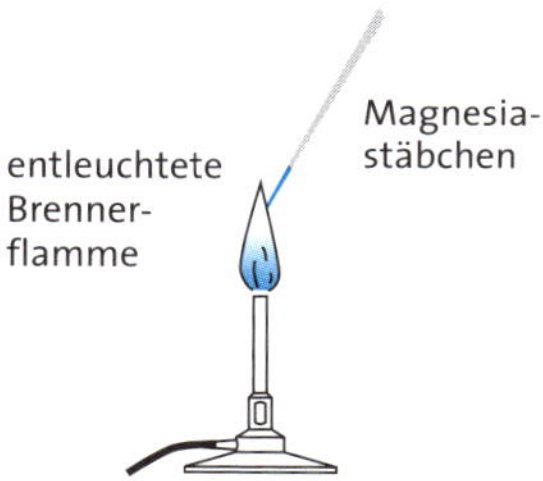

Flammenfärbungen zum Nachweis von Metallen

Metall	Elementsymbol	Flammenfarbe
Barium	Ba	gelbgrün
Cäsium	Cs	blauviolett
Calcium	Ca	ziegelrot
Kalium	K	hellviolett
Kupfer	Cu	grün
Lithium	Li	karminrot
Natrium	Na	gelb
Rubidium	Rb	rotviolett
Strontium	Sr	rot

Organische Nachweisreaktionen

Funktionelle Gruppen

Die **Hydroxylgruppe** (↑ S. 56) wird u. a. mit Borsäure nachgewiesen. Ester färben Flamme oder Flammensaum grün.

2 g Borsäure mit 4 ml des Alkohols mischen, 1 ml konzentrierte H_2SO_4 dazu geben, alles erwärmen (VORSICHT!), dann die Dämpfe entzünden.

Die **Aldehydgruppe** (↑ S. 58) wirkt stark reduzierend. Sie wird mit **Tollens Reagenz** (ammoniakalischer Silbernitratlösung), mit **Schiffs Reagenz** (fuchsinschwefliger Säure) oder mit fehlingscher Lösung nachgewiesen.

Nachweis mit Tollens Reagenz: ammoniakalische Silbernitratlösung zugeben; Gemisch vorsichtig erwärmen; Silberspiegel an Gefäßwand entsteht
Nachweis mit Schiffs Reagenz: fuchsinschweflige Säure färbt sich violett.

Stoffe mit **Carboxylgruppe** (↑ S. 59) dissoziieren in Wasser. H_3O^+ färben Indikatoren (↑ S. 90).

$$CH_3-COOH + H_2O \rightleftarrows CH_3-COO^- + H_3O^+$$

Mehrfachbindungen

Mehrfachbindungen (↑ S. 53) werden durch Addition (↑ S. 51) mit Brom nachgewiesen. Brom (in Wasser gelöst) entfärbt sich.

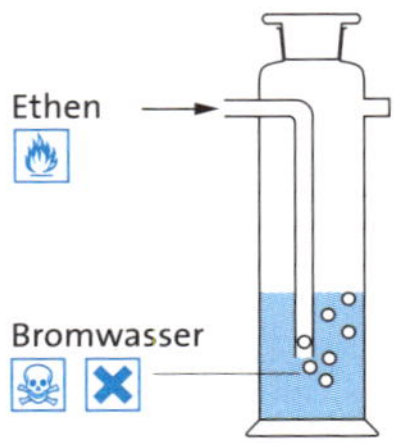

Organische Verbindungen

Nachweis von Glucose: **fehlingsche Lösung** I und II im Verhältnis 1:1 mischen. Es entsteht eine dunkelblaue Lösung. Die Substanz zugeben, vorsichtig erwärmen. Es entsteht ein ziegelroter Niederschlag.

Die Kettenform der Glucose (↑ S. 66) enthält eine Aldehyd-Gruppe (↑ S. 92).

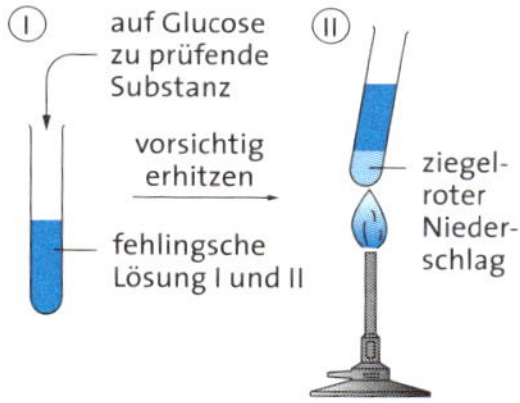

Nachweis von Stärke (↑ S. 67) mit **Iod-Kalium-Iodidlösung:** Eine Blaufärbung tritt ein.

Cellulose wird mit **Chlorzinkiodlösung** nachgewiesen. Es tritt Blau- bis Violettfärbung auf.

Nachweis von Eiweißen (↑ S. 65) durch **Xanthoproteinreaktion:** Zugabe von 3 ml konzentrierter HNO_3 (VORSICHT!) und vorsichtig erwärmen. Es tritt eine Gelb- bis Orangefärbung auf.

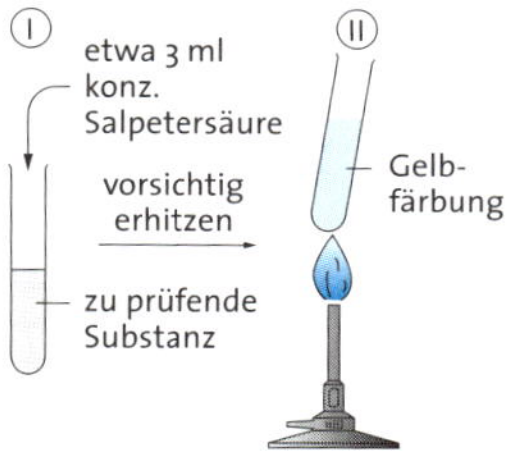

Nachweis von Peptidbindungen durch **Biuretreaktion:** 3 ml konzentrierte NaOH und einige Tropfen $CuSO_4$-Lösung zugeben. Eine Violettfärbung tritt auf.

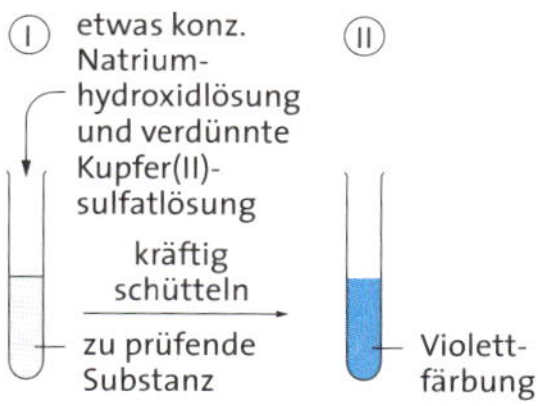

7

Testfragen

Hier kannst du testen, wie gut du den Schulstoff beherrschst. Zu jeder Frage gibt es genau *eine* richtige Antwort. Wenn du unsicher bist oder mehr wissen möchtest, zeigen dir die Seitenverweise am Rand, wo du ausführliche Informationen findest. Die Lösungen stehen auf Seite 109.
Du kannst die Fragen auch als Lernquiz auf dein Handy herunterladen; wie das geht, steht auf der vorderen Umschlagklappe.

Stoffe und Reaktionen

↑ S. 4
1 Was sind die kleinsten Stoffbausteine?
☐ **a)** Moleküle.
☐ **b)** Ionen.
☐ **c)** Atome.

↑ S. 8
2 Die Ordnungszahl eines Elements entspricht …
☐ **a)** der Anzahl der Neutronen eines Atoms.
☐ **b)** der Anzahl der Protonen eines Atoms.
☐ **c)** seiner relativen Atommasse.

↑ S. 5
3 Zusammengesetzte Ionen bestehen aus …
☐ **a)** Teilchen von mindestens zwei Elementen.
☐ **b)** mindestens einem Kation und einem Anion.
☐ **c)** Teilchen desselben Elements.

↑ S. 17
4 Bei einer endothermen Reaktion …
☐ **a)** wird Wärme aufgenommen.
☐ **b)** wird Wärme abgegeben.
☐ **c)** wird keine Wärme ausgetauscht.

↑ S. 7
5 Was bezeichnet der Aggregatzustand?
☐ **a)** Den Siedepunkt eines Stoffs.
☒ **b)** Die Zustandsform eines Stoffs.
☐ **c)** Die elektrische Ladung eines Stoffs.

6 Die Anzahl der Elektronen eines Atoms entspricht ... ↑ S. 4

☐ a) der Anzahl der Protonen.
☐ b) der Anzahl der Neutronen.
☐ c) der elektrischen Ladung eines Atoms.

7 Wofür steht die Abkürzung PSE? ↑ S. 9

☐ a) Parameter eines Stoffelements.
☐ b) Pawlowsche Struktureigenschaften.
☐ c) Periodensystem der Elemente.

8 Welche Größe eines Elements kann man im PSE ablesen? ↑ S. 22

☐ a) Die relative Atommasse.
☐ b) Die relative Molekülmasse.
☐ c) Den Entdecker des Elements.

9 Bei der Ionenbindung wirken Anziehungskräfte zwischen ... ↑ S. 10

☐ a) Ionen entgegengesetzter Ladung.
☐ b) Molekülen und Ionen.
☐ c) Neutronen und Elektronen.

10 Elektronengas ist die Bezeichnung für die ... ↑ S. 12

☐ a) freien Elektronen im Metallgitter.
☐ b) elektrische Spannung.
☐ c) verbundenen Ionenpaare.

11 Wie sind die Elemente im PSE geordnet? ↑ S. 8

☐ a) Alphabetisch.
☐ b) Nach ihrem Aggregatzustand bei 0 °C.
☐ c) Nach dem Atombau der Elemente.

12 Bei der polaren Atombindung werden gemeinsame Elektronenpaare ... ↑ S. 11

☐ a) gleichberechtigt genutzt.
☐ b) nicht gleichberechtigt genutzt.
☐ c) gar nicht genutzt.

↑ S. 18
13 Eine Redoxreaktion ist eine chemische Reaktion, bei der ...
- ☐ a) Protonen übertragen werden.
- ☐ b) Reduktion und Oxidation stattfinden.
- ☐ c) stets ein Feststoff ausfällt.

↑ S. 14
14 Was zeigt die chemische Formel eines Stoffs an?
- ☐ a) Seinen Aggregatzustand bei 0 °C.
- ☐ b) Aus wie vielen Molekülen er besteht.
- ☐ c) Aus welchen Elementen der Stoff besteht.

↑ S. 15
15 Was enthält jede chemische Reaktionsgleichung?
- ☐ a) Die Reaktionswärme.
- ☐ b) Die Reaktionsgeschwindigkeit.
- ☐ c) Ausgangsstoffe und Reaktionsprodukte.

↑ S. 19
16 Was zeigt man in chemischen Reaktionsgleichungen mithilfe der Elektronenschreibweise?
- ☐ a) Die Elektronenübergänge.
- ☐ b) Die Gesamtelektronenzahl der Ausgangsstoffe.
- ☐ c) Die Gesamtelektronenzahl des Endprodukts.

↑ S. 6
17 Was ist Aluminium?
- ☒ a) Ein Reinstoff.
- ☐ b) Ein Stoffgemisch.
- ☐ c) Eine Emulsion.

↑ S. 13
18 Bei welchem Stoff wirken zwischenmolekulare Kräfte?
- ☐ a) Bei Chlor.
- ☐ b) Bei Wasser.
- ☐ c) Bei Natrium.

↑ S. 18
19 Was macht das Oxidationsmittel bei einer chemischen Reaktion?
- ☐ a) Es nimmt Sauerstoff auf.
- ☐ b) Es gibt Sauerstoff ab.
- ☐ c) Es bleibt unverändert.

20 Wie lautet das Formelzeichen für die Reaktionswärme? ↑ S. 16

☐ **a)** W
☐ **b)** Q
☐ **c)** RW

21 Wie kennzeichnet man die Ausfällung bei einer Fällungsreaktion? ↑ S. 21

☐ **a)** Mit einem nach oben gerichteten Pfeil.
☐ **b)** Mit einem nach unten gerichteten Pfeil.
☐ **c)** Mit einem nach rechts gerichteten Pfeil.

22 Was nehmen Protonenakzeptoren bei einer Säure-Base-Reaktion auf? ↑ S. 20

☐ **a)** Elektronen.
☐ **b)** Protonen.
☐ **c)** Protonen und Elektronen.

23 In elektrolytischen Prozessen wird die Stoffumwandlung durch Zufuhr ... ↑ S. 19

☐ **a)** von Elektrolyten verlängert.
☐ **b)** elektrischer Energie erzwungen.
☐ **c)** elektrischen Stroms unterbrochen.

24 Wie nennt man Berechnungen in der Chemie? ↑ S. 28

☐ **a)** Stochastik.
☐ **b)** Stöchiometrie.
☐ **c)** Chemistik.

25 Was ist keine stoffkennzeichnende Größe? ↑ S. 22

☐ **a)** Die Dichte.
☐ **b)** Die relative Molekülmasse.
☐ **c)** Die Teilchengeschwindigkeit.

26 Wie viele Haupt- und Nebengruppen gibt es im PSE? ↑ S. 8

☐ **a)** Je 8.
☐ **b)** Je 7.
☐ **c)** Je 10.

↑ S. 24 **27** Welche Aussage ist falsch?
Bei jeder chemischen Reaktion gilt das Gesetz von der Erhaltung ...
- ☐ **a)** der Anzahl der Atome.
- ☐ **b)** der Masse.
- ☐ **c)** der Ausgangstemperatur.

Chemische Verbindungen

↑ S. 35 **28** Was besteht nicht aus reinem Kohlenstoff?
- ☐ **a)** Diamant.
- ☐ **b)** Graphit.
- ☐ **c)** Steinkohle.

↑ S. 30 **29** Neben anderen Möglichkeiten der Einteilung von Metallen kann man sie ordnen ...
- ☐ **a)** nach ihrer Oxidierbarkeit.
- ☐ **b)** nach ihrem Gewicht.
- ☐ **c)** nach ihrer Farbe.

↑ S. 41 **30** Welchen Stoff enthält jede Base?
- ☐ **a)** Wasserstoff.
- ☐ **b)** Stickstoff.
- ☐ **c)** Sauerstoff.

↑ S. 32 **31** Wie nennt man Halogene auch?
- ☐ **a)** Edelgase.
- ☐ **b)** Salzbildner.
- ☐ **c)** Außenelemente.

↑ S. 34 **32** Wie nennt man die Reaktion, bei der reiner Wasserstoff mit Sauerstoff reagiert?
- ☐ **a)** Knallgasreaktion.
- ☐ **b)** Frischluftreaktion.
- ☐ **c)** Superwasserstoffreaktion.

33 Unter welchem Kürzel findet man das Halbmetall Arsen im PSE? ↑ S. 33

☐ **a)** Ar
☐ **b)** A
☐ **c)** As

34 Zu welcher Hauptgruppe des PSE gehören Edelgase? ↑ S. 32

☐ **a)** Zur VIII. Hauptgruppe.
☐ **b)** Zur II. Hauptgruppe.
☐ **c)** Zur IV. Hauptgruppe.

35 Wie lautet der pH-Wert für neutrale Lösungen? ↑ S. 45

☐ **a)** 14,8
☐ **b)** 8,9
☐ **c)** 7,0

36 Stimmt die Aussage? Das Edelgas Helium geht keine chemischen Reaktionen ein. ↑ S. 32

☐ **a)** Nein.
☐ **b)** Ja.
☐ **c)** Nur mit Sauerstoff.

37 Ist Graphit leitfähig? ↑ S. 35

☐ **a)** Ja.
☐ **b)** Nein.
☐ **c)** Nur im Vakuum.

38 Welche Eigenschaft passt nicht zu einem Metall? ↑ S. 30

☐ **a)** Es ist elektrisch leitfähig.
☐ **b)** Es ist verformbar.
☐ **c)** Es leitet keine Wärme.

39 Was ist eine anorganische Kohlenstoffverbindung? ↑ S. 35

☐ **a)** Essigsäure.
☐ **b)** Kohlenstoffmonooxid.
☐ **c)** Methan.

↑ S. 39 **40** Wie wird Chlorwasserstoffsäure auch genannt?
- ☐ **a)** Chlorsäure.
- ☐ **b)** Kohlensäure.
- ☐ **c)** Salzsäure.

↑ S. 37 **41** Ammoniak enthält ...
- ☐ **a)** Sauerstoff.
- ☐ **b)** Stickstoff.
- ☐ **c)** Kohlenstoff.

↑ S. 43 **42** Wie nennt man die Salze der Phosphorsäure?
- ☐ **a)** Phosphate.
- ☐ **b)** Phosphorene.
- ☐ **c)** Phosphite.

↑ S. 36 **43** Was ist Sauerstoff?
- ☐ **a)** Ein Gas.
- ☐ **b)** Ein Salz.
- ☐ **c)** Ein Rohstoff.

↑ S. 40 **44** Welchen Stoff enthält jede Säure?
- ☐ **a)** Stickstoff.
- ☐ **b)** Wasserstoff.
- ☐ **c)** Sauerstoff.

↑ S. 31 **45** Bronze ist ...
- ☐ **a)** ein reines Metall.
- ☐ **b)** eine Metalllegierung.
- ☐ **c)** ein Edelmetall.

↑ S. 20 **46** Was entsteht bei einer Neutralisationsreaktion immer?
- ☐ **a)** Wasser.
- ☐ **b)** Sauerstoff.
- ☐ **c)** Kohlenstoff.

47 Wie heißen die Salze der Salpetersäure? ↑ S. 42

☐ **a)** Petrate.
☐ **b)** Nitrate.
☐ **c)** Salpetate.

48 Schwefeldioxid ist … ↑ S. 38

☐ **a)** gasförmig.
☐ **b)** flüssig.
☐ **c)** fest.

49 Welche Farbe haben Calciumhydroxid, Bariumhydroxid und Ätzkali? ↑ S. 44

☐ **a)** Gelb.
☐ **b)** Grau.
☐ **c)** Weiß.

50 Was sind alle Nebengruppenelemente des PSE? ↑ S. 49

☐ **a)** Metalle.
☐ **b)** Edelgase.
☐ **c)** Halbleiter.

51 Wie sagt man zu Kochsalz auch? ↑ S. 46

☐ **a)** Kaliumnitrat.
☐ **b)** Natriumchlorid.
☐ **c)** Calciumcarbonat.

52 Wie nennt man die Salze der schwefligen Säure? ↑ S. 47

☐ **a)** Sulfate.
☐ **b)** Sulfite.
☐ **c)** Sulforene.

53 Was ist Germanium? ↑ S. 33

☐ **a)** Ein Halogen.
☐ **b)** Ein Halbmetall.
☐ **c)** Ein Edelgas.

↑S. 50 **54** Die Vorsilbe *Hept-* zeigt an, dass eine Kohlenwasserstoffgruppe ...
- ☐ **a)** 4 Kohlenstoffatome enthält.
- ☐ **b)** 7 Kohlenstoffatome enthält.
- ☐ **c)** 2 Kohlenstoffatome enthält.

↑S. 60 **55** Was entsteht bei einer Veresterung?
- ☐ **a)** Ein Ester und Wasser.
- ☐ **b)** Ein Ester und Wasserstoff.
- ☐ **c)** Ein Ester und Sauerstoff.

↑S. 50 **56** Bei einer Hydratisierung lagert sich an eine Mehrfachbindung eines ungesättigten Moleküls ...
- ☐ **a)** Wasserstoff an.
- ☐ **b)** Wasser an.
- ☐ **c)** ein Halogen an.

↑S. 62 **57** Eiweiße, Fette und Kohlenhydrate gehören zu den ...
- ☐ **a)** synthetischen Makromolekülen.
- ☐ **b)** natürlichen Makromolekülen.
- ☐ **c)** gemischten Makromolekülen.

↑S. 52 **58** Was haben Isomere gemeinsam?
- ☐ **a)** Die gleiche Strukturformel.
- ☐ **b)** Die gleiche Summenformel.
- ☐ **c)** Die gleiche Isozahl.

↑S. 67 **59** Welche Eigenschaft passt zur Cellulose?
- ☐ **a)** Sie ist gut wasserlöslich.
- ☐ **b)** Sie ist brennbar.
- ☐ **c)** Sie ist kristallin.

↑S. 56 **60** Wie nennt man Ethanol auch?
- ☐ **a)** Glycerin.
- ☐ **b)** Weingeist.
- ☐ **c)** Holzgeist.

61 Für welche funktionelle Gruppe von Stoffen steht die Vorsilbe *Hydroxy-*? ↑ S. 54

☐ **a)** Hydroxylgruppe.
☐ **b)** Aminogruppe.
☐ **c)** Carboxylgruppe.

62 FCKW ist die Abkürzung für ... ↑ S. 57

☐ **a)** eine Fluoridchlorverbindung allgemein.
☐ **b)** einen Fluoridschaum.
☐ **c)** einen Fluorchlorkohlenwasserstoff.

63 Wie nennt man die strukturelle Veränderung von Eiweißen? ↑ S. 65

☐ **a)** Destruktion.
☐ **b)** Dehydralisation.
☐ **c)** Denaturierung.

64 Wie nennt man die Salze der Ethansäure? ↑ S. 59

☐ **a)** Formiate.
☐ **b)** Carbonate.
☐ **c)** Acetate.

65 Die Endung *-en* zeigt an, dass eine Kohlenwasserstoffkette ... ↑ S. 50

☐ **a)** mindestens eine Dreifachbindung hat.
☐ **b)** nur aus Einfachbindungen besteht.
☐ **c)** mindestens eine Doppelbindung hat.

66 Protein steht umgangssprachlich für ... ↑ S. 61

☐ **a)** Eiweiß.
☐ **b)** Alkohol.
☐ **c)** Seife.

67 Hydrierung ist als Reaktionsform eine ... ↑ S. 51

☐ **a)** Eliminierung.
☐ **b)** Substitution.
☐ **c)** Addition.

↑S. 63 **68** Welche Eigenschaften haben Thermoplaste?
- ☐ **a)** Sie sind sehr hart.
- ☐ **b)** Sie werden beim Erwärmen weich.
- ☐ **c)** Sie sind sehr elastisch.

↑S. 67 **69** Was ist Stärke?
- ☐ **a)** Ein Kohlenhydrat.
- ☐ **b)** Ein Eiweiß.
- ☐ **c)** Ein Fett.

↑S. 58 **70** Formaldehyd gilt als ...
- ☐ **a)** gesundheitsfördernd.
- ☐ **b)** sehr giftig.
- ☐ **c)** wohlriechend.

↑S. 66 **71** Womit weist man Glucose (Traubenzucker) nach?
- ☐ **a)** Mit Tollens Reagenz.
- ☐ **b)** Mit fehlingscher Lösung.
- ☐ **c)** Mit Schiffs Reagenz.

↑S. 64 **72** Wodurch entstehen Fette?
- ☐ **a)** Durch Veresterung.
- ☐ **b)** Durch Verseifung.
- ☐ **c)** Durch Synthese.

↑S. 53 **73** Was ist Benzen?
- ☐ **a)** Ein Aromat.
- ☐ **b)** Ein Alkohol.
- ☐ **c)** Ein Keton.

↑S. 69 **74** Wozu gehört Polyamid?
- ☐ **a)** Zu den Plasten.
- ☐ **b)** Zu den Kunstfasern.
- ☐ **c)** Zu den Schaumstoffen.

Chemie in der Praxis

75 Was sind die Ausgangsstoffe zur industriellen Herstellung von Schwefelsäure im Kontaktverfahren? ↑ S. 74

☐ **a)** Schwefel, Kohlenstoff und Wasserstoff.
☐ **b)** Schwefel und Salzsäure.
☐ **c)** Schwefel, Luft und Wasser.

76 Welcher Rohstoff enthält den höchsten Kohlenstoffanteil? ↑ S. 70

☐ **a)** Braunkohle.
☐ **b)** Steinkohle.
☐ **c)** Holzkohle.

77 Was verbirgt sich hinter der Bezeichnung Tollens Reagenz? ↑ S. 92

☐ **a)** Fuchsschweflige Säure.
☐ **b)** Ammoniakalische Silbernitratlösung.
☐ **c)** Borsäure.

78 Wie heißt das Verfahren zur industriellen Erzeugung von Natriumhydroxidlösung? ↑ S. 78

☐ **a)** Schmelzflusselektrolyse.
☐ **b)** Kontaktverfahren.
☐ **c)** Membranverfahren.

79 Wofür verwendet man Salpetersäure? ↑ S. 73

☐ **a)** Zur Herstellung von Sprengstoffen.
☐ **b)** Zur Herstellung von Waschmitteln.
☐ **c)** Zur Herstellung von Konservierungsmitteln.

80 Was ist ein fossiler Rohstoff? ↑ S. 70

☐ **a)** Baumwolle.
☐ **b)** Bauxit.
☐ **c)** Erdöl.

↑S. 75 **81** Was ist der Ausgangsstoff zur Herstellung von Branntkalk?
- ☐ **a)** Calciumcarbonat.
- ☐ **b)** Bauxit.
- ☐ **c)** Koks.

↑S. 82 **82** Was können Schwermetalle aus Industriegewässern in Naturgewässern bewirken?
- ☐ **a)** Giftanreicherung in der Nahrungskette.
- ☐ **b)** Behinderung der Fotosynthese.
- ☐ **c)** Verbesserung der Wasserqualität.

↑S. 76 **83** Roheisen und Stahl unterscheiden sich chemisch ...
- ☐ **a)** durch ihren Kohlenstoffgehalt.
- ☐ **b)** durch ihren Eisenanteil.
- ☐ **c)** gar nicht voneinander.

↑S. 85 **84** Was steht an erster Stelle bei einem Versuchsprotokoll?
- ☐ **a)** Die Aufgabenstellung.
- ☐ **b)** Die eingesetzten Geräte und Chemikalien.
- ☐ **c)** Die Vorbetrachtung.

↑S. 72 **85** Wie nennt man das Verfahren, um Ammoniak industriell herzustellen?
- ☐ **a)** Ostwald-Verfahren.
- ☐ **b)** Haber-Bosch-Verfahren.
- ☐ **c)** Kalkschachtofen-Verfahren.

↑S. 79 **86** Was entsteht durch alkoholische Gärung?
- ☐ **a)** Schwefelsäure.
- ☐ **b)** Ethanol.
- ☐ **c)** Methanol.

↑S. 80 **87** Der saure Regen entsteht unter anderem durch Reaktion ...
- ☐ **a)** von Licht mit Luft.
- ☐ **b)** von Abgasen mit Luftfeuchtigkeit.
- ☐ **c)** von Ozon mit Luft.

88 Wofür steht das Gefahrstoffsymbol T? ↑ S. 84

☐ **a)** Giftig!
☐ **b)** Entzündlich!
☐ **c)** Ätzend!

89 Bei welcher Temperatur wird Roheisen im Hochofen erzeugt? ↑ S. 76

☐ **a)** Bei etwa 500 °C.
☐ **b)** Bei etwa 1000 °C.
☐ **c)** Bei etwa 2000 °C.

90 Herbizide, Insektizide und Fungizide nennt man auch ... ↑ S. 83

☐ **a)** Schwermetalle.
☐ **b)** Biozide.
☐ **c)** Zidoide.

91 Welcher Effekt bewirkt durch künstlich erzeugte Gase eine erhöhte Erwärmung der Atmosphäre? ↑ S. 81

☐ **a)** Der Ozonlocheffekt.
☐ **b)** Der Klimaeffekt.
☐ **c)** Der Treibhauseffekt.

92 Wie heißt der Rohstoff zur Herstellung von Aluminium? ↑ S. 77

☐ **a)** Alugran.
☐ **b)** Bauxit.
☐ **c)** Kalkstein.

93 Wie nennt man Stoffe, deren Farbe von der Konzentration bestimmter Ionen abhängt? ↑ S. 90

☐ **a)** Farbfilter.
☐ **b)** Farbzeiger.
☐ **c)** Farbindikatoren.

94 Womit weist man Chlorid- und Bromid-Ionen nach? ↑ S. 88

☐ **a)** Mit Bariumchloridlösung.
☐ **b)** Mit Bleiacetat.
☐ **c)** Mit Silbernitratlösung.

↑ S. 89 **95** Mit welcher Methode weist man das Vorhandensein von Sauerstoff nach?

- ☐ **a)** Mit der Spanprobe.
- ☐ **b)** Mit der Knallgasprobe.
- ☐ **c)** Mit der Riechprobe.

↑ S. 86 **96** Wie nennt man den im Chemielabor verwendeten Gasbrenner noch?

- ☐ **a)** Erlenmeyerbrenner.
- ☐ **b)** Bunsenbrenner.
- ☐ **c)** Flammenleuchter.

↑ S. 90 **97** Welcher Indikator ändert seine Farbe bei Vorhandensein von Wasserstoff-Ionen von Rot zu Blau?

- ☐ **a)** Lackmus.
- ☐ **b)** Methylrot.
- ☐ **c)** Phenolphtalein.

↑ S. 93 **98** Welchen Stoff in der Cellulose weist man mit Iod-Kalium-Iodidlösung nach?

- ☐ **a)** Eiweiß.
- ☐ **b)** Stärke.
- ☐ **c)** Fett.

↑ S. 71 **99** Wie nennt man das Verfahren, um die Octanzahl von Kraftstoffen zu erhöhen?

- ☐ **a)** Reformieren.
- ☐ **b)** Rohöldestillation.
- ☐ **c)** Cracken.

↑ S. 91 **100** Stimmt es, dass man durch eine bestimmte Flammenfärbung Metalle identifizieren kann?

- ☐ **a)** Ja.
- ☐ **b)** Nein.
- ☐ **c)** Nur in reiner Sauerstoffatmosphäre.

Lösungen

Stoffe und Reaktionen

1 c)
2 b)
3 a)
4 a)
5 b)
6 a)
7 c)
8 a)
9 a)
10 a)
11 c)
12 b)
13 b)
14 c)
15 c)
16 a)
17 a)
18 b)
19 b)
20 b)
21 b)
22 b)
23 b)
24 b)
25 c)
26 a)
27 c)

Chemische Verbindungen

28 c)
29 a)
30 a)
31 b)
32 a)
33 c)
34 a)
35 c)
36 b)
37 a)
38 c)
39 b)
40 a)
41 b)
42 a)
43 c)
44 b)
45 b)
46 a)
47 b)
48 a)
49 c)
50 a)
51 b)
52 b)
53 b)
54 b)
55 a)
56 b)
57 b)
58 b)
59 b)
60 b)
61 a)
62 c)
63 c)
64 c)
65 c)
66 a)
67 c)
68 b)
69 a)
70 b)
71 b)
72 a)
73 a)
74 b)

Chemie in der Praxis

75 c)
76 b)
77 b)
78 c)
79 a)
80 c)
81 a)
82 a)
83 a)
84 a)
85 b)
86 b)
87 b)
88 a)
89 c)
90 b)
91 c)
92 b)
93 c)
94 c)
95 a)
96 b)
97 a)
98 b)
99 a)
100 a)

Bibliografische Information der Deutschen Nationalbibliothek
Die Deutsche Nationalbibliothek verzeichnet diese Publikation in der Deutschen Nationalbibliografie; detaillierte bibliografische Daten sind im Internet über http://dnb.ddb.de abrufbar.

3., aktualisierte und erweiterte Auflage

Redaktionelle Leitung Heike Krüger-Beer
Redaktion Marion Krause
Autoren Claudia Puhlfürst, Marion Krause

Herstellung Annette Scheerer
Typografisches Konzept Horst Bachmann
Illustrator Peter Lohse, Büttelborn
Umschlaggestaltung Michael Acker

Satz Robert Turzer, Tübingen
Druck und Bindung Offizin Andersen Nexö GmbH
Printed in Germany

F E D C B A

ISBN 978-3-411-72493-2

Schneller heller!

Das SMS – Schnell-Merk-System gibt es für alle wichtigen Schulfächer. Jetzt kostenlos zu den neuen Bänden der 5. bis 10. Klasse: das Handy-Lernquiz mit jeweils 100 Testfragen zu den wichtigsten Themen.

Deutsch

- Deutsch Rechtschreibung
  ISBN 978-3-411-72543-4
- Deutsch Diktat
  ISBN 978-3-411-72503-8
- Deutsch Grammatik
  ISBN 978-3-411-70582-5
- Deutsch Aufsatz
  ISBN 978-3-411-70602-0

Fremdsprachen

- Englisch Grammatik
  ISBN 978-3-411-72513-7
- Englisch Vokabeltrainer
  ISBN 978-3-411-72632-5
- Französisch Grammatik
  ISBN 978-3-411-72523-6
- Französisch Vokabeltrainer
  ISBN 978-3-411-72642-4
- Latein Grammatik
  ISBN 978-3-411-70622-8
- Latein Vokabeltrainer
  ISBN 978-3-411-73081-0
- Spanisch Grammatik
  ISBN 978-3-411-70542-9

Methodik

- Clever lernen
  ISBN 978-3-411-70562-7

Mathematik

- Mathematik
  ISBN 978-3-411-70352-4

Naturwissenschaften

- Physik
  ISBN 978-3-411-72533-5
- Chemie
  ISBN 978-3-411-72493-2
- Biologie
  ISBN 978-3-411-70299-2

Geschichte

- Geschichte
  ISBN 978-3-411-70329-6

SMS auch fürs Abi! Mehr Infos unter:
www.schuelerlexikon.de

Stichwortfinder